图说大豆

生长异常与诊治

谢甫绨　张玉先　张　伟　郑　伟◎著

中国农业出版社

北京

前 言 FOREWORD

大豆既是蛋白质含量高的作物（含蛋白质40%），又是油料作物（含脂肪20%），其子粒营养价值很高，是人类所需植物蛋白的主要来源之一，可加工成多种多样的副食品。我国是世界四大大豆主产国之一，年种植面积约667万公顷，年产大豆1 200万吨左右。大豆起源于我国，据记载一直是我国人民消费的重要农产品和出口创汇产品。近年来，受进口转基因大豆的冲击，国产非转基因大豆和国内消费需求矛盾突出。为了保护我国大豆生产、促进农业供给侧结构性调整，国家相继出台了一系列恢复和发展我国大豆生产的政策和措施，提出要"实施大豆振兴计划，多途径扩大种植面积"。

大豆从播种到成熟要经历4～5个月的生长发育过程，这期间会遭受风雹雨涝、高温干旱、低温霜冻等异常气候的影响，土壤质地、营养元素和病虫草害等不良环境的影响，以及土壤耕作、品种选用、播种、施肥、浇水、施药、收获等农事操作和管理不当的影响，均会造成大豆生长发育异常，不同程度地影响大豆产量和品质，导致种植效益下降。正确诊断分析大豆生长异常原因，采取相应的防治技术措施，确保大豆正常生长，对实现大豆高产、优质、高效生产具有重要意义。

作者长期从事大豆科研工作，在大豆生产上经常接触到大豆生长异常表现，农民朋友经常求助咨询的问题也是大豆的异常生长现象。为了方便农民朋友正确辨认大豆的异常生长症状，科学诊断发生原因并及时采取正确预防措施，最大限度地减少大豆生长异常所造成的损失。为此，几位作者在多年的科研与生产实践中着重收集了大豆生产上生长异常的典型案例，通过图文并茂的方式，分别描述了大豆异常生长症状表现、发生的原因、诊断的方法和防治措施等。全书共搜集整理了农事操作和管理不当、灾害性天气、肥害药害以及病虫草危害等方面共62种异常现象问题，其中问题1～10、15由沈阳农业大学谢甫绨教授编写，问题11～14、16～27由黑龙江八一农垦大学张玉先教授编写，问题38～57由吉林省农业科学院张伟研究员编写，问题28～37、58～62由黑龙江省农业科学院佳木斯分院郑伟副研究员编写。该书编写过程中得到国家现代农业产业体系同行专家的大力支持，在此表示衷心的感谢！全书统稿由谢甫绨教授完成。由于作者水平和所在区域的限制，书中疏漏和错误之处难免，敬请各位读者批评指正，以便再版时修改完善。

著　者

2018年10月

目录 CONTENTS

前言

1. 大豆出苗不好

症状表现：大豆播种后，部分种子萌发出苗时间长，出苗率低，甚至不出苗，造成田间缺苗断条。

产生原因：气候条件、土壤状况、耕作质量、播种质量、播种期、病虫害等因素均会导致大豆出苗不好，缺苗断条。这些因素可以单一影响大豆出苗，也会多种因素综合影响大豆出苗。

（1）品种特性　大豆是子叶出土的作物，籽粒萌发时的拱土能力会影响品种的出苗率。籽粒大的品种和蛋白质含量高的品种，萌发时需要的水分较多，不容易萌发。籽粒大的品种，拱土力弱，如果播种深度不适宜，或土壤整地不好，出苗较差（图1-1）。

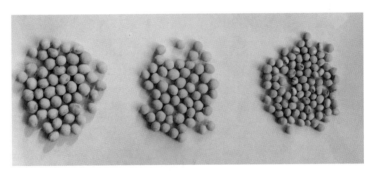

图1-1　不同籽粒大小的大豆

（2）种子质量　国家规定合格大豆种子的发芽率不能低于85%，但当大豆收获期间遇到天气急剧变冷，造成种子冻害，或者脱粒后种子储藏条件不当、储藏过期等，发芽率就会急剧下降，甚至完全没有发芽率（图1-2）。毫无疑问，采用发芽率低的劣质种子播种，必然会造成出苗不好。另外，有些脱粒时受到伤害或储藏过期的陈种子，往往会因发芽势差，拱土力弱，出苗不好。

（3）播种时的气象条件　大豆要获得高产，保苗很关键，适宜的播种期播种对保全苗十分必要。大豆播种太早，容易受低温冷害的影响，因种子腐烂而缺苗断条；播种过晚，容易因植株营养生长期太短，干物质积累少而减产。

图1-2 不同发芽势的大豆种子发芽状况

（4）土壤条件 ①在盐碱地上种植大豆时，由于土壤盐分浓度过高，渗透压高，造成种子吸水萌发困难，即使种子已萌发，超出幼根、幼芽对盐分的忍受力，也会产生植株生理脱水，在出土前幼苗就萎蔫死亡，严重影响出苗。②土质黏重，播后降雨易造成土壤板结，影响大豆子叶拱土出苗。③大豆种子萌发需吸收种子干重120%的水分，耕作层土壤含水量过低，墒情不好，种子吸水不充分就难以萌发出苗（图1-3）。北方大豆种植地区春旱发生频繁，土壤墒情往往是影响大豆出苗的关键因素。南方地区，播种时如果水分过多，也会因阻碍种子正常呼吸，导致种子霉烂而降低出苗率。

图1-3 土壤墒情不佳导致大豆出苗不齐

（5）整地质量和播种质量 整地不细，土坷垃多而大，土壤容易透风跑墒，导致土壤水分满足不了种子萌发需要影响出苗（图1-4）。另外，土坷垃多而大会导致播下的种子不能与土壤密切接触，影响种子吸水萌发。土地不平，墒情不均，也会给种子吸水萌发带来很大影响，降低出苗率。播种深度也是影响出苗的重要因素。播种太浅，种子落在干土上；播得太深，子叶拱土困难（图1-5）。整地不平，带来机播时种子入土深浅不一，浅处种子播不到湿土上，影响发芽。另外，土坷垃盖种、返田秸秆翻入土壤中没有腐解的根茬、秸秆等也会影响播种质量，或阻碍根系下扎，或影响子叶拱土，最终出现缺苗断条现象（图1-6）。

图1-4　整地质量不佳导致大豆出苗不齐

图1-5　播种太深导致大豆出苗不齐

图1-6　土壤瘠薄导致大豆出苗不齐和长势不良

（6）机械伤害、病虫害和药害　大豆种子脱粒、加工时受机械伤害，仓储时种胚受害虫、老鼠啃食受损，播后种子易霉烂。药剂拌种或包衣时，用药过量或拌种着药不匀，产生药害。受药害的种子可能不发芽，或使幼苗生长受到抑制，出苗质量降低。播种时化肥与种子直接接触、施肥过多或不均等会引起烧苗，导致幼苗死亡。地下害虫如蝼蛄、蛴螬等可在土中取食种子，咬断幼芽，造成缺苗断垄；出苗后在低温高湿条件下，不抗病的品种幼苗易遭受病菌侵袭而发病死苗，也会造成缺苗断垄；如果是种子伤害和农药药害引起的出苗不好，往往同一批种子都会发生，而化肥烧苗、病虫鼠害危害会因种植地块不同而出苗情况有别。

预防措施：①根据品种特性，掌握品种的适宜播种深度、土壤条件和播种时期，这样可以有效防止因品种特性带来的出苗不好问题。②选择健康良种。种子的发芽率不能低于85%。③适期播种。一个地区、一个地点的大豆具体播种时间，需视大豆品种生育期的长短、土壤墒情而定。早熟的品种可稍晚播，晚熟的品种宜早播；土壤墒情好的，可稍晚播，墒情差的，应抢墒播种。东北地区播种时间一般为：黑龙江省4月25日至5月20日，吉林省4月20日至5月5日，辽宁省4月20日至5月10日。④精细整地，严把播种质量关。机械播种时要求达到如下标准：总播量误差不超过2%，单口排量误差不超过3%；播种均匀，无断条（20厘米内无籽为断条）；行距开沟器间误差小于1厘米，往复综合垄误差小于5厘米；播深3～5厘米，覆土一致，播后及时镇压。

2. 大豆幼苗发黄

症状表现：大豆上部新叶片出现不久，逐渐由淡绿色变成黄色，田间保苗困难或植株生长发育不良，造成产量和品质下降。

产生原因：①播种过深。大豆适宜播种深度为3～5厘米，播种过浅时土表墒情满足不了种子萌发的需要，不易出苗；播种过深会出现苗弱、苗黄现象（图2-1）。②种植密度不适宜或间苗不及时。欲保证大豆幼苗健壮

图2-1 大豆播种过深导致幼苗黄化

生长，必须根据品种特性进行合理密植，如果播种过密或间苗不及时会因幼苗拥挤，互相争光、争肥、争水，造成弱苗、病苗、黄苗。大豆适宜间苗时间为第1片复叶展开前后。③土壤水分不适宜。大豆播种后，土壤墒情不佳，达不到种子萌发所需的墒情，造成种子萌发困难不能正常发芽出苗，出土时间过长造成弱苗、黄苗。大豆苗期若遇降雨过多，低洼地块容易因排水不良，带来水渍而出现黄苗现象（图2-2）。④病虫危害。大豆平播时，如果选用的品种不抗病，当苗期遇到阴雨连绵天气时，就会因出现根部病害带来黄叶

图2-2 土壤渍水导致大豆幼苗黄化

图2-3　土壤贫瘠、大豆幼苗营养不良导致黄化

现象。⑤除草剂药害。当大豆与玉米轮作时，少数农民随意加大玉米除草剂用量，造成阿特拉津除草剂残留过大，带来后茬大豆幼苗的伤害，出现黄苗、死苗现象。在黄淮地区，小麦夏大豆连作地时，农户常常因小麦生长期早春气温低，将麦田化学除草时间推迟至4月10日，因草龄较大，相应地加大了巨星、苯磺隆等除草剂的使用量，增加了土壤农药残留量，而且上茬施药时间至下茬播种时间间隔未达到除草剂的安全期要求，导致下茬大豆幼苗出现药害。⑥施用未充分腐熟有机肥或大豆重茬地，受豆秆蝇危害，植株表现为下部叶片正常，上部叶片全部黄化。剥开根茎，秆内可见有豆秆蝇蛆和蛆粪。⑦营养失调症。在土壤贫瘠地块，或偏施、单施某一种化肥的地块，或严重干旱的地块，常常会发生大豆幼苗营养失调症（图2-3）。大豆植株发生不同程度的叶片黄化、皱缩、生长迟缓。

　　预防措施：①播深以3～5厘米为宜，避免过深过浅。②适宜密度。种植密度要根据品种的特点和当地的土壤和生态条件灵活掌握，大圆叶类型品种宜适当稀植，披针形叶或小圆叶类型品种可适当密植。土壤肥沃地块应适当稀植，反之要适当密植。降水量大的地区宜适当稀植，干旱少雨地区应适当密植。③适墒播种。④有效防治病虫害。选用抗病品种；增施有机肥；适时灌水，增加土壤湿度；大豆苗期受地下害虫危害时，要及时用40%辛硫磷乳油500～1 000倍液，或其他内吸性杀虫剂500～1 000倍液喷施于大豆幼苗茎基部或灌根。豆秆蝇危害一般用40%的氧化乐果或辛硫磷1 000倍液，于苗期及花期各喷1次进行防治。⑤合理使用除草剂。农户使用除草剂时盲目与其他农药混用、用药浓度过高、喷雾器互用、假冒伪劣除草剂等均会不同程度造成对幼苗的危害。发现药害后应及时浇水，并喷施叶面肥或植物生长调节剂。⑥培肥土壤，科学水肥管理。出现营养失调时，可采用喷施叶面肥的方法进行防治。

3. 扁茎大豆

症状表现：扁茎大豆是一种特殊株型大豆类型，扁茎大豆的植株一般分枝少，中上部叶片数较多，往往在茎顶部形成大量荚簇（图3-1，图3-2）。扁茎大豆与栽培大豆比较所不同的是茎秆扁化、顶端花序轴扁平、花荚簇集。扁茎大豆优点是叶片数目多（是普通型大豆的2.2倍，且在主茎上的分布不均匀，上部叶片较为密集）、顶端花序轴长、每节花数与荚数多，属特异株型材料，其缺点是秆软、不抗倒伏和百粒重小。未经改良的品种在5～9月降水量多于430毫米以上地区不宜推广种植。

图3-1　扁茎大豆田间长势

产生原因：扁茎大豆植株顶端的茎秆扁化、花荚簇集的性状可因光周期等环境因素的变化而变化，是不稳定的性状。大豆扁茎性状受不同播期的光温条件影响，随播期推迟扁茎表现程度降低。扁茎性状在肥沃地更易表现出来。

目前中国已有的扁茎大豆材料来源说法不一，一是来源于美国及其后代材料，二是来源于国内民间及其改良系或是从国外引入的材料，主要区别是叶形、花色、茸毛色和遗传稳定性的差异，美国扁茎大豆为圆叶、白花、棕色茸毛或尖叶、紫、棕色茸毛，为遗传稳定

图3-2　扁茎大豆植株

的材料；国内扁茎大豆为尖叶、紫花、灰色茸毛，为遗传不稳定的材料。

改良措施：在群体条件下，扁茎大豆结荚鼓粒期光合特性为：光合速率高；具有高的单株叶面积和截获光能能力；形成较多光合产物，并能有效地运往茎和花荚中，从而获得较高的单株产量。扁茎大豆可以作为高光效育种种质资源加以改造利用。为了改造与利用扁茎大豆材料，挖掘与转化有益基因，改良与创新品种，黑龙江省农业科学院佳木斯分院以当地主要推广品种为核心亲本，扁茎大豆及其后代材料为改良亲本，连续进行杂交改良，充分利用杂交育种后代基因重组、累加与互补及突变等遗传效应，通过正确识别与确定扁茎大豆后代选择个体目标与连续定向选择，创新出合丰51、合丰53两个新品种和一批优良品系。合丰51在黑龙江省8区生产试验中平均产量183千克/亩*，较对照品种宝丰7号增产14.2%。合丰53在国家北方大区早熟组生产试验中6点平均产量174.2千克/亩，较对照品种绥农14号增产9.9%。黑龙江省农业科学院佳木斯分院利用扁茎大豆也选育出绥98-275品系，其产量高达273.5千克/亩，比对照品种垦农4号增产29.7%。吉林省农作物新品种引育中心利用扁茎大豆育成的平安1020在降水量少、日照充足、有灌溉的条件下，获得了386.8千克/亩的高产。

4. 大豆茎秆蔓生

症状表现：植株生长较弱，茎、枝细长爬蔓，呈强度缠绕，匍匐地面。

产生原因：野生大豆多生长于杂草之上或攀于大型杂草之上，茎秆蔓生（图4-1）。栽培大豆品种是经过漫长的自然和人工选择从野生大豆中演变而来的。如果栽培条件恶劣，光照不足（图4-2），栽培大豆品种往往会出现植株返祖爬蔓现象。一旦出现植株蔓生现象，常常带来植株倒伏，降低产量和品质。

---

　*　亩为非法定计量单位，1亩≈667米^2。余同。——编者注

预防措施：在大豆与玉米间作、套作种植时，除选择株型收敛、叶片上举的玉米品种和耐荫能力强的大豆品种外，一定要注意大豆的种植行比，保证大豆不受玉米遮蔽而出现茎秆蔓生现象。

幼苗期 结荚期

图4-1 不同生育时期野生大豆的蔓生状态

图4-2 温室光照不足环境下栽培大豆的蔓生状态

5.大豆倒伏

症状表现：倒伏是大豆生产上普遍存在的问题，严重影响着大豆的产量和品质，给田间管理和收割带来一定的困难。大豆植株倒伏分为根倒伏和茎折断。生产中根倒伏比较常见。

产生原因：①品种耐肥水能力差。大豆品种间耐肥抗倒能力存在一定差异（图5-1），现代品种耐肥抗倒能力普遍比老品种强。有的品种植株较高，茎秆较细，适合于种植在中低水肥的地块上，属于耐瘠品种。一旦这样的品种种植到高水肥地块就会因为旺长造成倒伏。②种植密度过大。种植大豆时要根据品种特征特性进行合理密植，使植株健康生长。当种植密度过大时，会导致通风透光不良，茎秆细弱，植株高大而不健壮，容易倒伏（图5-2）。③植株根系发育不良。土壤耕层浅、耕作质量差、中耕灭茬不好等诸多因素均会造成大豆根系发育不良，容易带来植株倒伏。④植株生长过旺。当土壤条件较好，土壤氮肥过多，雨量充沛，大豆植株蹲苗不够，会导致植株旺长而倒伏（图5-3）。⑤雨水过多。大豆分枝期及开花期连阴寡照多雨，植株徒长，或后期遇暴风雨侵袭，也会造成倒伏。⑥引种不当。大豆是十分严格的短日照作物，品种的适应范围较窄。南种北引时，如果引种的纬度跨度过大，会因为植株光周期反应带来植株徒长、木质化程度下降导致倒伏（图5-4）。

图5-1　不同大豆品种抗倒能力的比较

图5-2　种植密度过大导致的大豆倒伏

图5-3　大豆生长过旺导致的大豆倒伏

图5-4　大豆引种不当导致的大豆倒伏

预防措施：为了减少大豆倒伏造成的损失，应从以下几个方面进行预防。①应根据地力选用适当的栽培品种，肥力偏高的土地宜选用茎秆粗壮，植株稍矮，抗倒耐肥的品种。②要根据品种特征特性进行合理密植。适宜的播种密度，大豆生长健壮，抗倒伏能力强。一般来说，植株紧凑，披斜形叶（尖叶）品种和早熟品种适于密植。土壤肥沃或施肥水平较高的地区，宜稀植；地力差或施肥水平较低的地区，宜适当密植。③根据大豆对氮磷钾的需求，结合土壤肥力状况，进行合理施肥，可以有效保证大豆各生育期对氮、磷、钾的需求，生长健壮，不易倒伏。④适时中耕培土可以防止杂草，增加土壤通气性，改善根系生长状况，增强植株抗倒性。⑤根据大豆生长期间的植株长势、天气趋势等进行植物生长调节剂喷施，也能增强植株的抗倒能力。

6. 大豆不结荚或结空瘪荚

症状表现：大豆成熟时植株不结荚或结少量空瘪荚的现象，常常会带来籽粒产量的大幅度下降。

图6-1 品种选择不当导致大豆贪青、结实下降

产生原因：①品种选用不当。大豆是短日照作物，需要在短日照条件下才能进入生殖生长阶段，才能正常花芽分化和开花结荚。北种南引时作春大豆种植，如果品种对光照的长短和强弱不敏感，而对温度较敏感，当有效积温达到品种要求时就会开花结荚。但如果用做夏大豆种植，容易提早开花结荚，往往会因植株营养生长不足，表现只开花不结荚或结荚少产量低（图6-1）。南种北引时会因满足不了植株开花所需的光周期而出现营养生长过

茂，甚至于出现爬蔓现象，往往不开花结荚。②种植过密。根据品种特征特性进行合理密植是建立高产群体的前提，大豆群体过大，田间通风透光差，有机物质分配失调，会造成只开花不结荚现象，从而降低产量和品质。③播种期不当。播种期偏晚，生育期间的积温或光照条件满足不了大豆生长发育的需要，大豆植株将不能顺利完成生活周期，造成只开花不结荚或不开花不结荚的现象。④气候因素。近年来，高温、干旱等不良气候过程频现，高温和干旱均会造成大豆不能正常受精，幼荚不能发育。适宜大豆开花的温度为 $25 \sim 28 ℃$，相对湿度为 $70\% \sim 90\%$。气温超过 $33 ℃$，大豆花粉粒就会干瘪，造成授粉受精不良。如果大豆开花结荚期遇到持续高温干旱天气，大豆就会不开花或花量少，或者花而不实（图6-2）。⑤营养缺乏。大豆生长需要吸收和利用大量营养因素，包括大量元素、中量元素和微量元素。由于种种原因，种植大豆土壤常常出现营养不足或营养缺乏现象，造成大豆减产，甚至绝收。大豆施氮素过多、钾肥严重不足的话，会造成植株生殖生长过多，只开花不结荚。大豆对钼和硼比较敏感，植株严重缺钼或缺硼时会出现花而不实现象。另外，大豆植株也因为大量元素和微量元素重叠缺乏现象，比如钾、硼重叠缺乏会造成大豆大面积不结实，严重威胁大豆生产。⑥病害、虫害、废气危害。大豆植株残茬等腐烂后会释放大量有机酸，这些有机酸会抑制大豆根系和地上部的生长发育，造成不结实或少结实现象。再者，大豆芽枯病、胞囊线虫病、大豆椿象等危害植株和幼荚后会造成幼荚脱落，表现出植株不结荚现象（图6-3，图6-4，图6-5）。

预防措施：①慎重引种。大豆跨纬度引种要十分慎重，一般不要跨越2个纬度，并且需要通过示范鉴定才能推广种植。②适期播种，合理密植。针对品种和当地土壤、生态条件等进行合理密植。③及时灌水。大豆是需水较多的作物，开花结荚期是大豆的需水临界期，此时遇旱会对大豆的产量和品质影响很大。夏季连续一周不下雨，有条件地区应考虑及时灌水。④均衡施肥。氮磷钾肥大量元素和钼、锰、锌、硼、镁等微量元素合理搭配，迟效、速效肥并用。增施农家肥，适当配施钼肥和硼肥。如果钾和硼同时缺乏，必须钾、硼兼施才能使植株生育恢复正常，单施钾或硼见效差或不见效。在生产中，可以通过测土施肥的办法，采用含微量元素的种衣剂进行种子包衣，或用微肥拌种以及叶面喷施等措施来预防微量元素缺乏症。⑤合理轮作。应在种植一年大豆后种植非豆类作物两年，做到合理轮作。

图6-2　开花期高温导致大豆植株花而不实

图6-3　大豆芽枯病导致的植株不结荚现象

图6-4　害虫导致的大豆植株不结荚现象

图6-5　害虫导致的大豆瘪荚现象

7. 大豆炸荚

症状表现：成熟的大豆荚沿着荚的背缝线和腹缝线裂开，并且散出种子的现象称为炸荚（图7-1，图7-2）。当荚果的水分含量相对较低时，荚的内生厚壁组织层细胞的张力不同，荚皮围绕着与内生后壁组织层的纤维方向平行的轴呈螺旋的扭转而卷曲，将连接背、腹缝线的薄壁组织拉裂，荚皮开裂。炸荚（裂荚）是大豆的一种自然属性，一般而言，进化程度低的品种类型，炸荚严重，比如芽用的小粒大豆、纳豆和菜用大豆品种，炸荚现象尤为普遍。炸荚会严重影响大豆的收获与产量。

图7-1　大豆植株严重炸荚现象　　图7-2　大豆植株轻微炸荚现象

产生原因：大豆品种不同，其豆荚的形态特征有着显著差异，使不同品种的炸荚性表现不同。炸荚与荚本身的组织结构有着密切联系。低湿、高温、快速的温度变化和交互的干湿影响是导致大豆炸荚发生的普遍因素。

预防措施：①选育抗炸荚的品种。这也是减少大豆炸荚最有效的方法。②注意大豆收获时间。在大豆成熟收获的季节，及时把握收获时间，减免大豆炸荚，可一定幅度地提高收获产量。大豆生育后期转凉后豆荚易炸裂，会增大炸荚损失，可选择早、晚或夜间空气潮湿时收获。机械收获时大豆籽粒湿度越小，炸荚越严重，收获损失越大，因此避免在成熟后期进行收获，当大豆茎湿度降至50%或更低时用联合收割机进行适时收获。当大豆含水率在25%以下，豆壳含水率15%以下会发生大豆炸荚，大豆的炸荚与品种含水率有很大的关系，大豆的顶部、中部和底部豆荚炸荚率无显著的区别。③注意大豆联合收获机械装备的改进。联合收割机的发明与改进加速了大豆机收的发展进程。为了减少大豆炸荚的产量损失，既要保证割刀锋利，间隙符合要求，也要减轻拨禾轮对豆秆、豆荚的打击和刮碰等。

8. 豆田野生大豆

　　症状表现：野生大豆一般具有野生性强、籽粒小、颜色色深、荚多、炸荚率硬实率高等特点。野生大豆出苗早，茎秆蔓生，分枝多，生长旺盛，生长竞争能力强，如果栽培大豆田中出现野生大豆，栽培大豆会受到野生大豆的影响而减产降质（图8-1，图8-2）。

　　产生原因：野生大豆一般都是豆种不纯导致，一般购买的大豆品种都

图8-1　野生大豆田间长势

图8-2　野生大豆对栽培大豆的竞争优势

不会出现类似情况，自留的种子里容易混杂其他品种。

补救措施：如果栽培大豆田间早期发现有野生大豆生长，一定要及时拔除，否则，会因为栽培大豆缺乏与野生大豆的竞争力而被野生大豆蔓生其植株上端，最终因荫蔽而死亡。

9. 大豆苗后除草剂药害

症状表现：施用苗后除草剂防除大豆田杂草，由于种种原因会造成大豆药害，造成生长发育迟钝，籽粒产量下降。

产生原因：

(1) 低温多雨导致大豆幼苗发育不良、抗药力减弱　早春低温多雨气候会导致大豆幼苗发育不良，从而诱发植株对豆磺隆、豆草特、虎威等除草剂代谢能力差，体内解毒作用缓慢，出现药害。

(2) 由除草剂自身特性带来的药害　苗后防除阔叶杂草除草剂对大豆选择性不强，多数有不同程度的触杀性药害，但一般对产量影响不大（图9-1，图9-2）。

(3) 使用技术不当　①技术不达标。喷药机械不合格，作业不标准，喷雾机械压力不足、不稳，喷杆高度不合适，无搅拌装置，喷嘴流量不准确，车速不一致，喷洒不均匀，喷液量和用药量不准确，剩余药液重复喷施，造成地头等处药害加重。②施药时气象条件不良。有些种植户认为施用苗后除草剂，温度越高药效越好，因此选择晴天中午高温时施药。但温度超过27℃或低于15℃时施药，均易产生严重的药害。③盲目加大用药量。任何除草剂均有一定的安全用量范围。部分种植户为提高除草效果，盲目加大用药量而导致药害发生。④施药时期不当。如在大豆3片复叶期后施豆草特，会造成大豆生长受抑制，约20天才能恢复正常生长，茎叶脆而易折，结荚少，生育期滞后而减产。⑤除草剂混用不合理。不同除草剂品种混用不当，会产生拮抗作用或抑制大豆对除草剂的解毒作用而造成药害，如豆草特与豆磺隆、三氟羧草醚与烯禾啶混用，会加重触杀性药剂对大豆造成的药害程度。

图9-1　除草剂对大豆幼苗的伤害

图9-2　除草剂对大豆植株的伤害

　　预防措施：①注意除草剂的选择。选择的除草剂既要有较高的除草效果，更要对大豆安全。应针对杂草群落、药剂特点、大豆品种耐药性等因素进行综合考虑。②注意用药量。严格遵守除草剂的建议用药量，不能超量用药。另外，施药应均匀一致，做到不重喷不漏喷，喷雾机械应达到要求，喷雾压力304.0～506.6千帕，车速6～8千米/小时，选用扇形喷嘴，以提高雾化效果，确保喷雾均匀。③注意施药时的气象条件。施药时适宜温度为15～27℃，空气相对湿度在65%以上，风速4米/秒以下，只有在相对适宜的气象条件下施药，才能保证苗后除草剂的药效，避免药害产生或加重。④严格掌握施药时期。大豆苗后除草剂必须在对大豆幼苗安全的前提下施用。在大豆具有耐药性时期内，选择有针对性的除草剂，能有效避免药害产生。⑤应用植物油型除草剂喷雾助剂。植物油型除草剂喷雾助剂与作物有亲和性，具有明显的增效作用，可减少除草剂用量，避免除草剂过量对大豆幼苗的伤害。

10. 大豆幼苗阿特拉津残留危害

症状表现：阿特拉津（莠去津）是选择性内吸传导型芽前土壤处理除草剂，常用于玉米田、甘蔗田除草。虽然莠去津除草效果明显，但容易造成残留，给后茬大豆造成危害，导致植株干枯死亡，越到中午症状越明显（图10-1）。

图10-1　除草剂阿特拉津对大豆植株的伤害

产生原因：阿特拉津以根系吸收为主，茎叶吸收很少，能迅速传导到杂草分生组织和叶部，干扰光合作用，使杂草死亡。在土壤中的半衰期为35～50天，在地下水中的半衰期为105～200天。阿特拉津持效期长，容易对后茬敏感作物如大豆、水稻、甜菜、油菜、亚麻、西瓜、甜瓜、小麦、大麦、蔬菜等造成危害。

预防措施：①选种中大粒大豆品种。大粒型大豆品种对阿特拉津耐药性强，小粒型品种则敏感，因此，种植大粒或中大粒品种，可使阿特拉津对大豆危害降到最低。另外，如果药害面积小，可以换土，补种大粒种子作物或大块马铃薯减小损失。②喷施芸薹素内酯、复硝酚钠等促进生长的药物，有利于缓解药害。有报道称，喷施8毫克/升浓度的敌磺钠，可以解除0.6毫克/千克土壤残留阿特拉津对大豆的药害；多胺、精胺和铵态氮可以减轻阿特拉津对作物的不利影响。③生产上应控制用药量，或者与其他除草剂混用以减少用药量，避免对后茬作物造成危害。

11. 大豆高温危害

症状表现：夏季7、8月高温伴随强辐射促使大豆叶片失水过快，导致叶片边缘向内卷曲，继而卷叠部分变干呈黄褐色，或者自叶尖开始焦枯卷曲，发展至整个叶片，严重时叶片边缘甚至整个叶片由于快速失水而发脆，整株死亡（图11-1，图11-2）。鼓粒期间发生高温胁迫在一定程度上影响种子活力，降低种子发芽率和幼苗质量。

图11-1　高温造成大豆叶片灼伤

图11-2　高温造成大豆植株大面积死亡

预防措施：①不同大豆品种耐高温能力存在较大差异，生产上可选择耐高温大豆品种。②浇水是预防高温伤害的有效措施，可依据天气预报在早晚通过喷灌等形式浇水，避免中午浇水。③在大豆生育前期叶面喷施植物生长调节剂抑制植株徒长、增强抗逆能力。④在危害发生后，叶面喷施磷酸二氢钾、尿素等促进大豆生长，降低损失。

12. 大豆低温危害

症状表现：大豆低温伤害包括春季晚霜和初秋早霜危害。①春季低温影响大豆种子活力，严重时导致种子死亡，显著降低出苗率（图12-1，图12-2）。处于子叶期的大豆对低温耐受能力强并可快速恢复生长，而处于真叶期及以后时期的大豆幼苗低温耐受能力弱，轻则大豆叶尖下垂、叶片边缘起皱纹，随着冷害持续叶缘和叶尖出现水渍状斑块、叶组织变为褐色，严重时叶片萎蔫枯死。②初秋低温导致大豆叶片萎蔫，持续或严重低温时大豆叶片出现灰褐色大片无光泽凹陷，似开水烫过，随后萎缩、腐烂（图12-3，图12-4）。

预防措施：①采取秋翻有利于春季地温快速回升，协调土壤内水、肥、气、热四相比例，对于春季低温寒潮有一定的缓冲作用。②施用适量种肥和种衣剂拌种促进壮苗形成，有利于增强大豆幼苗抵抗低温冷害能力。③适期播种，一般北方春大豆应在5厘米地温稳定达到6～8℃播种，可根据天气预报适当延后播种，避过低温天气。④提前深松和培垄可提高地温，减轻低温危害。⑤根据天气预报提前喷施植物防冻剂或施用复合生物菌肥等，在低温灾害发生后喷施磷酸二氢钾等可促进大豆快速恢复生长、减少损失。

图12-1　低温导致子叶期大豆死亡　图12-2　低温对大豆幼苗造成不同程度伤害

图12-3　低温造成鼓粒期间大豆叶片萎蔫

图12-4　低温造成鼓粒期间大面积大豆死亡

13. 大豆干旱危害

症状表现：出现干旱时，大豆不同器官和组织间的水分，按各部位的水势高低重新分配。幼叶向老叶夺水，促使老叶死亡。叶片生长对缺水最为敏感，只要有轻微的水分胁迫，就会使其受到明显的限制。水分亏缺会导致叶温升高、气孔关闭、叶绿体受伤、光合作用显著下降，大豆叶片会出现萎蔫现象，严重干旱时叶片发黄、枯萎（图13-1），胚胎组织把水分分配到成熟部位的细胞中去，使花数减少；鼓粒期缺水，籽粒不饱满，严重影响产量（图13-2）。

图 13-1　大豆幼苗受旱症状（张明聪 摄）

图 13-2　大豆成株受旱症状（龚鹏蜀 摄）

预防措施：①选择抗旱性强的品种。②选择合理的耕作方式，以秋整地秋起垄为宜，保墒蓄水，适当深播，合理密植，播后及时镇压。土壤墒情偏少而水源不足时要增加中耕次数，进行松土，增加铲趟次数，可切断土壤毛细管减少水分蒸发，有利于保墒防旱。③合理增加有机肥，提高土壤水分的利用率，推广测土配方施肥技术，根据当地土壤成分，确定合理而经济的氮磷钾比例，干旱年份适当减少氮肥施用量，增加磷、钾肥施用量。④增打补水井，提高灌溉能力。大豆幼苗期干旱可通过喷灌方式灌水，在开花结荚期遇到干旱必须灌水，可以采用沟灌或喷灌，一次性灌透水，无干土层，但灌后必须及时中耕松土除草，以提高地温促进大豆生长。

14. 大豆涝害

症状表现：大豆植物不能耐受长期的淹水缺氧环境。淹水后，根系是受害最早、最重的器官，根生长受抑制，根系体积缩小，干重降低，分支和根毛减少，根尖变褐，根系逐渐变黑，甚至腐烂死亡。叶片生长速度降低，新生叶窄而长，叶鞘及叶片呈紫色或紫红色，并从下部叶开始变化，逐渐向上推进，以致枯死脱落。株高、干重以及叶面积都不同程度降低，单株粒数和百粒重下降，产量减少（图14-1，图14-2，图14-3，图14-4）。

预防措施：①培育抗涝新品种，是有效提高品种抗涝性的重要途径之一。②大豆淹水1～2天，叶片就会自下而上枯萎脱落。出现涝害时，需在耐淹时间内迅速排除田面积水。应根据具体条件，选用耐涝品种或在涝后改种其他耐涝作物。③淹涝由于淋溶和缺氧易导致土壤有效养分的供应减少，引起诱导性缺素，特别是氮、磷、钾。因此，在水涝前后向土壤中施入矿质肥料可以预防和补偿上述情况。另外，硝酸盐肥料还可能由于改善植物在厌氧条件下的能量代谢而有利于对抗淹水伤害。④在受淹程度较轻的情况下，通过使用化学调节剂也可以减轻淹涝对大豆的危害。

图14-1　大豆苗期涝害症状（刘新平　摄）

图14-2　大豆开花期涝害症状（刘新平　摄）

图14-3　大豆结荚期涝害症状（刘新平　摄）

图14-4　大豆成熟期涝害症状（刘新平 摄）

15. 大豆雹灾

症状表现：冰雹是春夏季节一种对农业生产危害较大的灾害性天气。根据一次降雹过程中，多数冰雹的直径、降雹累计时间和积雹厚度，可以将冰雹分为轻雹、中雹和重雹三级。雹灾危害严重时会使植株生长点和叶片被打坏，甚至会造成植株死亡（图15-1，图15-2）。

产生原因：春夏季节当地表的水被太阳暴晒汽化，然后上升到了空中，许许多多的水蒸气在一起，凝聚成云，此时相对湿度为100%，当遇到冷空气则液化，以空气中的尘埃为凝结核，形成雨滴或冰晶，越来越大，当气温降到一定程度时，空气的水汽过饱和，于是就下雨了，如果温度急剧下降，就会结成较大的冰团，也就是冰雹。我国北方的山区及丘陵地区，地形复杂，天气多变，冰雹多，受害重，对农业危害很大。雹灾是中国严重灾害之一。

预防措施：在大豆生育期间，如果遇到雹灾，要根据具体情况进行减灾防灾。如果在第一片复叶长成前遇到雹灾，应当采用早熟品种或其他生育期短的作物进行毁种。如果在第一片复叶长成后遇到雹灾，尽管植株生长点和叶片被打坏，但子叶节和复叶的腋芽均可发育成分枝，因此，灾后及时追施尿素10千克/亩，并加强生育后期田间管理，即可减轻雹灾的危害，不需要毁种。

图15-1　大豆冰雹危害

图15-2　雹灾过后大豆植株的恢复性生长

16. 大豆盐碱危害

症状表现：大豆植株出苗率低，植株生长矮小，营养生长受阻，花期提前，产量极低（图16-1）。

图16-1　大豆植株受盐碱危害症状

预防措施：①施用有机肥基础上，配施生理酸性肥料，降低土壤碱性，改变土壤胶体吸附性阳离子的组成。②使用化学改良剂。③种植耐盐碱的大豆品种。

17. 大豆机械收获影响

症状表现：在机械收获过程中由于籽粒硬度不适宜，或收割机参数设置不当造成籽粒表面明显破碎，严重影响外观品质而造成经济损失（图17-1）。另外虽未造成种子外观明显破损，但内部可能出现子叶破裂、胚轴损坏等损伤，显著降低种子发芽率（图17-2）。

预防措施：①选择适宜时期和时间收获可降低机械破损率，避免由于收获过早或豆荚潮湿致使籽粒硬度不够、揉搓性能过大，造成籽粒变形；或者由于收获过晚、空气湿度过小致使籽粒硬度过大、揉搓性能不足，造成籽粒破损。②根据大豆茎秆湿度调整滚筒转速和间隙，早期收获大豆茎秆湿度大、籽粒含水量较大时，应将滚筒转速调大、入口和出口间隙调小；晚收获大豆茎秆干燥、籽粒含水量低，应将滚筒转速调小、入口和出口间隙调大。③调整喂入链耙、籽粒升运器、杂余升运器等刮板链条紧度，以及升运器刮板与升运器壁的间隙，避免链条与链齿磕碎籽粒，避免脱粒滚筒、复脱器、籽粒及杂余推运搅龙等输送部位的堵塞造成籽粒破碎。

图17-1　机械收获造成籽粒破损
（曹亮 摄）

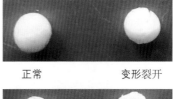

正常　　　　　　　　变形裂开

种皮破损　　　　　　子叶分离

图17-2　不同受损程度大豆籽粒
（曹亮 摄）

18. 大豆缺氮

症状表现：大豆缺氮时，叶片颜色变淡呈淡绿色，生长速度减缓，并由淡绿逐渐开始变黄，先是真叶慢慢发黄。严重时叶片从下部老叶开始向上部逐渐变黄，最后顶部新叶变黄。缺氮植株叶片小而薄、易脱落，分枝少，植株生长矮小，茎秆细长，导致大豆生长缓慢，产量下降(图18-1)。

产生原因：当土壤中缺乏氮素，又不能通过施肥及时补充时，根系吸收的氮素满足不了植株生长发育的需要而导致缺氮现象。

预防措施：①根据测土配方施肥确定科学、合理的氮肥用量和施用时期。施肥量参见表1。②在增施有机肥的基础上，施用化肥。氮肥应分次施用，并适当增加生育中期施用比例。③大豆出现缺氮症状时，应追施氮肥，可用1%～2%的尿素水溶液进行叶面喷施，每隔7天左右喷1次，共喷施2～3次。

苗期

开花期

结荚期

图18-1 大豆缺氮症状（鲁剑巍 摄）

表1　春大豆氮肥推荐总用量

土壤有机质含量 （克/千克）	春大豆目标产量（千克/亩）		
	150	200	250
<25	3.00	3.67	—
25 ~ 40	2.33	3.00	4.00
40 ~ 60	1.53	2.33	3.33
>60	—	2.33	2.67

注：供东北春大豆种植参考。数据来源：张福锁等，《中国主要作物施肥指南》. 北京：中国农业大学出版社，2009.

19. 大豆缺磷

症状表现：大豆缺磷早期，叶色变深，呈浓绿或墨绿色，叶片瘦小卷曲，叶形尖而窄，且向上直立，植株生长迟缓。症状一般由老叶开始，逐渐扩展到上部叶片。缺磷严重时，茎秆及叶片呈紫红色，生育期延迟，开花后缺磷叶片上出现棕色斑点，根系不发达，根瘤小且发育不良，籽粒不饱满，产量低（图19-1）。

图19-1　大豆植株缺磷症状

产生原因：当土壤中缺乏有效磷，又不能通过施肥及时补充时，根系吸收的磷素难于满足植株生长发育的需要，从而导致缺磷症状。

预防措施：①根据测土配方施肥技术确定合理施磷量，具体用量可参考表2。②磷肥一般作基肥，宜早施，有利于根系吸收和减少土壤对磷肥的固定，提高磷肥利用效率。③大豆出现缺磷症状时，每亩可用磷酸二氢钾0.1～0.2千克进行叶面喷施，每隔7天左右喷施1次，共喷2～3次。

表2　东北地区土壤有效磷分级及春大豆磷肥用量

产量水平 （千克/亩）	肥力等级	有效磷 （P，毫克/千克）	磷肥用量 （P_2O_5，千克/亩）
	极低	<10	3.67
	低	10～20	3.00
150	中	20～35	2.33
	高	35～45	1.67
	极高	>45	1.00
	极低	<10	4.33
	低	10～20	3.67
200	中	20～35	3.00
	高	35～45	2.33
	极高	>45	1.53
	中	20～35	3.67
250	高	35～45	3.00
	极高	>45	2.33

注：供东北春大豆种植参考。数据来源：张福锁等，《中国主要作物施肥指南》.北京：中国农业大学出版社，2009.

20. 大豆缺钾

症状表现：大豆缺钾，会导致植株矮小，生长迟缓，叶片暗绿色。症状首先出现在下部老叶，由叶尖开始沿叶缘出现黄、褐色以至灼烧状，叶缘失绿变黄呈"金镶边"状，而后扩大成块，并向叶片中心蔓延，后期仅叶脉周围呈绿色，一般叶脉仍保持绿色，症状逐渐从老叶向新叶发展；严重缺钾时在叶面上有斑点和坏死组织，最后干枯成火烧焦状，叶片下垂脱落，茎秆瘦弱，植株易倒伏，病虫害加重，根系短，根瘤少且易老化早衰，生长受到抑制，活力差，籽粒常皱缩变形，结荚稀，瘪荚较多（图20-1）。

苗期

开花期

结荚期

图20-1　大豆缺钾症状（鲁剑巍 张明聪 摄）

产生原因：当土壤中缺乏速效钾，又不能通过施肥及时补充时，根系吸收的钾素满足不了植株生长发育的需要，导致植株缺钾症状。

预防措施：①根据测土配方施肥技术确定合理施钾量，具体用量可参考表3。②钾肥一般分两次施用。大豆出现缺钾症状时，每亩可追施氯化钾4.0～6.0千克，或每亩用磷酸二氢钾0.1～0.2千克进行叶面喷施，每隔7天左右喷施1次，共喷2～3次。

表3 东北地区土壤有效钾分级及春大豆钾肥用量

产量水平 （千克/亩）	肥力等级	有效钾 （K，毫克/千克）	钾肥用量 （K_2O，千克/亩）
150	极低	<70	3.33
	低	70～100	2.67
	中	100～150	2.00
	高	150～200	1.53
	极高	>200	0
200	极低	<70	4.00
	低	70～100	3.33
	中	100～150	2.67
	高	150～200	2.00
	极高	>200	1.53
250	极低	<70	5.00
	低	70～100	4.33
	中	100～150	3.67
	高	150～200	3.00
	极高	>200	2.33

注：供东北春大豆种植参考。数据来源：张福锁等，《中国主要作物施肥指南》.北京：中国农业大学出版社，2009.

21. 大豆缺铁

症状表现：大豆轻度缺铁时，叶脉保持绿色，顶端或幼叶沿叶脉开始失绿黄化，出现轻度的卷曲现象。缺铁严重时，由脉间失绿发展到全叶呈黄白色，老叶逐渐枯萎脱落，叶缘灼烧、干枯，提早脱落，根系生长受阻，根瘤固氮酶活性降低（图21-1，图21-2，图21-3）。

图21-1　大豆苗期缺铁症状

图21-2　大豆开花期缺铁症状

产生原因：当土壤中缺铁，又不能通过施肥及时补充时，根系吸收的铁素满足不了植株生长发育的需要而导致缺铁症状。

预防措施：①根据土壤养分指标确定合理施铁量。②可用硫酸亚铁做基肥，根据土壤铁含量确定基肥用量。③如发现缺铁症状，可用0.2%～0.5%的硫酸亚铁进行叶面喷施。

图21-3　大豆结荚期缺铁症状

22. 大豆缺锌

症状表现：大豆缺锌初期，植株矮小，生长缓慢，叶片小，叶片脉间失绿、皱缩，呈条带状，叶脉两侧开始出现褐色斑点，逐渐扩大并连成坏死斑块，继而坏死组织脱落。大豆严重缺锌，叶片狭长、扭曲，植株纤细，花期延后，花荚脱落，成熟延迟，最终导致大豆产量降低（图22-1，图22-2）。

图22-1　大豆苗期缺锌症状（鲁剑巍　摄）

产生原因：当土壤中缺锌，又不能通过施肥及时补充时，根系吸收的锌满足不了植株生长发育的需要而导致缺锌症状。

预防措施：①根据土壤养分指标确定合理施锌量，见表4。②土壤缺锌时，可用1.0～2.0千克/亩的硫酸锌作基肥施用。③大豆出现缺锌症状时，每亩追施硫酸锌1.0～1.5千克，拌适量土后，施于离植株10厘米左右处，也可喷洒0.2%～0.3%硫酸

图22-2　大豆严重缺锌叶片症状（鲁剑巍　摄）

锌，一般每隔一周喷施1次，连续喷施3次。

表4　东北地区土壤有效锌丰缺指标及春大豆锌肥用量

提取方法	临界指标（毫克/千克）	基施用量（千克/亩）
DTPA	0.5～1.0	硫酸锌1.0～2.0

注：供东北春大豆种植参考。数据来源：张福锁等，《中国主要作物施肥指南》.北京：中国农业大学出版社，2009.

23. 大豆缺钼

症状表现：大豆缺钼时，植株生长矮小，叶片上出现许多细小的褐色斑点并散布全叶，叶片退淡转黄，边缘焦枯卷曲，叶片凹凸不平且出现部分增厚扭曲，有的叶片边缘向上卷曲成杯状。缺钼可以引起大豆植株缺氮，从而导致植株生长矮

图23-1　大豆苗期严重缺钼症状（郭熙盛　摄）

小，根瘤发育不良，数量少，颜色呈灰色或棕灰色（图23-1，图23-2）。

产生原因：当土壤中缺乏钼，又不能通过施肥及时补充时，根系吸收的钼满足不了植株生长发育的需要而导致缺钼症状。

预防措施：①根据土壤养分指标确定合理施钼

图23-2　大豆开花期严重缺钼症状（王筝 摄）

量（表5）。一般随基肥施用或拌土撒施。②用钼酸铵、钼酸钠拌种。每千克种子拌1 ~ 2克钼肥，或开花前后用0.05%钼酸铵溶液叶面喷施。

表5　东北地区土壤有效钼丰缺指标及春大豆钼肥用量

提取方法	临界指标（毫克/千克）	基施用量（克/亩）
草酸-草酸铵	0.1 ~ 0.15	钼酸铵25 ~ 62

注：供东北春大豆种植参考。数据来源：张福锁等，《中国主要作物施肥指南》.北京：中国农业大学出版社，2009.

24. 大豆缺锰

症状表现：大豆缺锰初期，新叶失绿变成淡黄色，易形成黄斑病或灰斑病，叶面不平滑，叶缘皱缩，脉间出现淡绿色斑纹，进而失绿，叶脉仍为绿色，叶片两侧产生蝌蚪状橘红色病斑。严重缺锰时，叶片上会出现褐色斑点，呈焦灼状，叶片小，易脱落，顶芽枯死，生长瘦弱（图24-1）。

产生原因：当土壤中缺乏锰，又不能通过施肥及时补充时，根系吸收的锰满足不了植株生长发育的需要而导致缺锰症状。

预防措施：根据土壤养分指标确定合理施锰量。一般随基肥施用或拌土撒施，亦可用硫酸锰拌种或用硫酸锰溶液进行叶面喷施。在播种时用0.1% ~ 0.2%硫酸锰溶液拌种，拌匀，阴干后播种，也可用0.05%～0.10%硫酸锰溶液进行叶面喷施，喷至湿润为止，连续2～3次。

图24-1　大豆缺锰症状（张明聪　摄）

25. 大豆缺硼

症状表现：大豆缺硼时，茎尖生长点生长受抑制，顶芽受阻且下卷，成株矮小微缩，幼叶叶脉失绿，叶尖向下弯曲，老叶粗糙增厚、皱缩、变脆。严重缺乏时，大豆茎尖分生组织枯萎，甚至死亡，茎节间变短，生长明显受阻。开花不正常或不能开花，结荚少而畸形，导致大幅度减产甚至绝收。有时出现花叶病，主根顶端死亡，侧根多而短呈僵直状，根瘤发育不正常，花荚脱落多，荚少，多畸形（图25-1，图25-2，图25-3）。

图25-1　大豆苗期严重缺硼症状（王筝　摄）

图25-2　大豆结荚期严重缺硼症状

图25-3　施硼与不施硼大豆根系对比

产生原因：当土壤中缺乏硼，又不能通过施肥及时补充时，根系吸收的硼满足不了植株生长发育的需要而导致缺硼症状。

预防措施：根据土壤养分指标确定合理施硼量，见表6。一般土壤缺乏时每亩用硼砂0.5～0.75千克拌细土施入，用硼砂作基肥时应注意不要直接接触种子，以免降低出苗率，也可于大豆开花前期和开花盛期喷施0.01%硼砂或硼酸溶液，可提高大豆结实率，增加产量，还可与0.2%的磷酸二氢钾或0.5%尿素配成混合溶液喷施。

表6　东北地区土壤有效硼丰缺指标及春大豆硼肥用量

提取方法	临界指标（毫克/千克）	基施用量（千克/亩）
沸水	0.3～0.5	硼砂0.5～0.75

注：供东北春大豆种植参考。数据来源：张福锁等，《中国主要作物施肥指南》.北京：中国农业大学出版社，2009.

26. 大豆缺硫

症状表现：大豆缺硫时，症状类似缺氮，叶片失绿黄化，植株矮小。但发病叶片不同于缺氮，症状首先在植株顶端和幼芽出现，生育前期新叶叶片失绿黄化，茎秆细长，根系长而须根少，植株瘦弱，根瘤发育不良，染病叶易脱落，叶脉、叶肉均生米黄色大斑块。一般晚熟，结实率低，产量和籽粒品质下降（图26-1，图26-2）。

图26-1　大豆正常植株与缺硫植株

产生原因：当土壤中缺硫，又不能通过施肥及时补充时，根系吸收的硫满足不了植株生长发育的需要而导致缺硫症状。

预防措施：缺硫的土壤，可施用石膏或硫黄等硫肥。可以和氮、磷、钾等肥料混合作基肥施用，也可拌细土或化肥撒施，也可拌种或施入种沟旁作种肥。大豆生长发育过程中缺硫，可用浓度为0.5%～1%硫酸钾喷施2～3次，每7～10天喷施1次，可以缓解缺硫症状。

图26-2　大豆缺硫叶片症状（鲁剑巍 摄）

27. 大豆缺钙

症状表现：大豆缺钙时，幼叶变形卷曲，叶尖出现弯钩状，植物生长矮小，叶片卷曲不伸展，叶成杯状，老叶出现灰白色斑点，叶脉变成棕色，叶缘扭曲，叶柄柔软下垂，严重时枯萎死亡。严重缺钙时，顶芽枯死，茎顶端弯钩状卷曲，新生幼叶不能伸展，严重时叶缘发黄或焦枯坏死，茎尖、根尖生长点坏死；幼叶变形，叶缘呈不规则的锯齿状。结荚期缺钙，叶色黄绿，荚果深绿至暗绿色，并带有红色或淡紫色，叶尖相互粘连呈弯钩；新叶抽出困难，根系生长受抑制，根尖从黄白色转为棕色，严重时死亡，根呈暗褐色，根瘤着生数少，固氮能力低，花荚脱落率增加，植株早衰，长势弱，易倒伏和感染病害，结实少或不结实（图27-1）。

植株生长点

幼苗

幼叶

植株

图27-1　大豆缺钙症状（鲁剑巍　摄）

产生原因：当土壤中缺钙，又不能通过施肥及时补充时，根系吸收的钙满足不了植株生长发育的需要而导致缺钙症状。

预防措施：增施有机肥，充分利用草木灰等含钙丰富的农家肥。酸性土壤可适当施用石灰等含钙的肥料，以调节土壤酸碱性。雨季注意排水，避免钙的淋失。

28. 大豆胞囊线虫病

危害症状：大豆胞囊线虫病是一种世界性病害，俗称"火龙秧子"。对大豆危害严重，一般可使大豆减产10%～20%，发病较重的地块可减产70%～90%，严重地块甚至达到绝收的程度。大豆胞囊线虫主要危害大豆根部，受害植株发育不良，矮小。苗期感病后子叶和真叶均变黄，发育较为迟缓（图28-1）；长成植株感病

图28-1　胞囊线虫侵染后田间症状表现

时地上部矮化和叶缘发黄，结荚较少或不结荚，严重者整株枯死（图28-2）。病株根系发育不良，侧根显著减少，细根增多，根瘤较少，发病初期拔起病株，可见根上附有白色或黄褐色小颗粒，即胞囊线虫雌成虫，这是鉴别胞囊线虫病的重要特征（图28-3）。

图28-2　胞囊线虫侵染后的大豆植株

　　胞囊线虫以卵在胞囊里于土壤中越冬，胞囊对不良环境的抵抗力很强。第二年春季幼虫从寄主幼根的根毛侵入，在幼根皮层内发育为成虫，雌虫体随内部卵的形成而逐渐肥大成柠檬状，突破表层而露出寄主体外，仅用口器吸附于寄主根上，这就是人们所看到的大豆根上白色小颗粒。胞囊线虫在田间呈点状分布，逐渐向四周扩散。

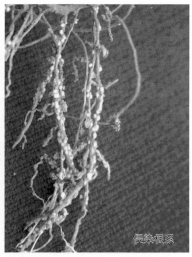

图28-3　胞囊线虫侵染后的大豆根系

防治措施：①选种抗病品种。采用抗病品种是防治胞囊线虫病最经济有效的措施。推广应用抗病品种可有效降低胞囊线虫病对大豆的危害程度，提高大豆产量。②合理更换品种。随着不同区域抗病品种应用年限的不断延长，胞囊线虫优势小种也在发生变化，因此生产上推广抗病品种要与非大豆胞囊线虫寄主作物或其他抗线类型品种轮换种植，以减缓生理小种变异速度，防止抗病品种丧失抗病性，延长抗病品种的应用年限。③合理轮作。胞囊线虫虫卵在地下一般可以存活8～10年，因此在病害发生地区采用大豆与非寄主作物实行8年以上的轮作，可以有效减少病害的发生。④药剂防治。选用5%涕灭威颗粒剂4～5千克/亩，施入播种沟内，然后播种。

29. 大豆霜霉病

危害症状：大豆霜霉病广泛分布世界各大豆产区，在我国东北和华北大豆产区时有发生，大豆生育期间如遇高温高湿条件发病较重。发病严重时会导致早期落叶、叶片凋枯、种粒霉烂，减产达30%～50%（图29-1）。

霜霉病是由霜霉菌侵染大豆地上部而引起的，是一种真菌性病害，叶部背面有霉层是其主要症状特征之一。大豆幼苗、成株叶片、荚及豆粒均可发生病害。苗期发病子叶无症，真叶从基部开始出现褪绿斑块，沿主脉及支脉延伸，直至整个叶片褪绿。以后全株各叶片均出现相同症状。大豆开花前后空气湿度大时，病斑背面着生灰色霉层，最后病叶变黄转褐直至枯死。当叶片受到再次侵染时，形成褪绿的小斑点，以后变成褐色病斑，背面产生一层霉层。受害较重时叶片干枯，早期脱落。豆荚受害，外部无明显症状，但荚内有很厚的黄色霉层，为病菌的卵孢子。被害籽粒颜色发白而无光泽，表面附有一层白色粉末状卵孢子。

大豆霜霉病的发生与空气湿度密切相关，高湿多雨天气易引发病害，干旱低湿条件不利于病害发生。

叶片正面症状　　　　　　　　　叶片背面症状

图29-1　大豆霜霉病（宗春美　提供）

防治措施：①选用抗病品种。不同品种对霜霉病抗性存在较大差异，不同地区可根据病菌的优势小种选用抗病性强的优良品种。②精选种子，剔除病粒。大豆霜霉病种子带菌，对种子进行精选，剔除带菌种子，有利于防治大豆霜霉病的发生。③种子处理。播种前用种子质量0.3％的90％乙膦铝或35％甲霜灵（瑞毒霉）粉剂拌种，或以克霉灵、福美双及敌克松为拌种剂，防治效果很好。④清除病苗。霜霉病在田间呈点状发生，由一个发病中心向外围扩散，并且病苗症状明显、易于识别，因此当田间发现病株时，可结合铲地及时除去病苗，消减初侵染源。⑤药剂防治。发病初期喷洒40％百菌清、25％甲霜灵、58％甲霜灵·锰锌，可以起到很好的防治效果。叶面喷雾1∶1∶200倍波尔多液、65％代森锌500倍液也可有效防治大豆霜霉病的发生。

30. 大豆灰斑病

危害症状：灰斑病为低洼易涝地区大豆的主要病害，一般可对产量产生5%～50%的影响，受害大豆百粒重降低、品质下降，发病较重时籽粒上会产生黑色病斑严重影响外观品质。灰斑病主要危害大豆叶片，严重时也侵害茎、荚及种子等部位（图30-1，图30-2，图30-3）。

带病种子长出的幼苗，子叶上呈现半圆形深褐色凹陷斑，天气干旱时病情扩展缓慢，低温多雨时，病害扩展到生长点，病苗枯死。成株叶片染病初现褪绿

图30-1 大豆灰斑病叶部症状（顾鑫提供）

小圆斑，后逐渐形成中间灰色至灰褐色、四周褐色的蛙眼斑，大小2～5毫米，有的病斑呈椭圆或不规则形，湿度大时，叶背面病斑中间生出密集的灰色霉层，发病重的病斑布满整个叶片，最终病斑融合导致病叶干枯。茎部染病产生椭圆形病斑，中央褐色，边缘红褐色，密布微细黑点。荚上病斑圆形或椭圆形，中央灰色，边缘红褐色。豆粒上病斑圆形或不规则形，边缘暗褐色，中央灰白，病斑上

图30-2 大豆灰斑病粒部症状（顾鑫 提供）

图30-3 大豆灰斑病发病植株

霉层不明显。

病菌以菌丝体或分生孢子在病残体或种子上越冬，成为翌年初侵染源。病残体上产生的分生孢子比种子上的数量大，是主要初侵染源。种子带菌后长出幼苗的子叶即见病斑，温、湿度条件适宜时病斑上产生大量分生孢子，借风雨传播进行再侵染，造成田间大面积发病。但风雨传播距离较近，主要侵染四周邻近植株，形成发病中心，后通过发病中心再向全田扩展。

防治措施：①选用抗病品种并及时更换抗病品种。大豆灰斑病生理小种较多，优势小种变化频繁，导致品种抗性很不稳定，在生产中应密切注意病菌毒力变化，及时更替新的抗病品种。②农业防治。合理轮作避免重茬，收获后及时深翻，消除田间病残体。③药剂防治。对叶部或籽粒上病害，可于大豆结荚盛期采用飞机喷洒36%多菌灵悬浮剂500倍液、40%百菌清悬浮剂600倍液、50%甲基硫菌灵可湿性粉剂600 ~ 700倍液、50%苯菌灵可湿性粉剂1 500倍液、65%甲霉灵可湿性粉剂1 000倍液、50%多霉灵可湿性粉剂800倍液，隔10天左右1次，防治1 ~ 2次。

31. 大豆紫斑病

危害症状：紫斑病是大豆产区的一种普遍性病害，主要危害部位为豆荚和籽粒，也危害叶片和茎部。紫斑病在大豆一生中均可侵染发病，不同大豆生育时期发病表现症状不同。

大豆苗期染紫斑病，子叶上产生褐色至赤褐色圆形斑，呈云纹状。真叶期染病初生紫色圆形小点，散生，扩展后形成多角形褐色或浅灰色斑（图31-1）。茎秆染病形成长条状或梭形红褐色斑，严重的整个茎秆变成黑紫色，上生稀疏的灰黑色霉层。豆荚染病病斑圆形或不规则形，病斑较大，灰黑色，边缘不明显，干后变黑，病荚内层着生不规则形紫色斑，内浅外深（图31-2）。豆粒染病形状不定，大小不一，仅限于种皮，不深入内部，症状因品种及发病时期不同而有较大差异，多呈紫色，有的呈青黑色，在脐部四周形成浅紫色斑块，严重的整个豆粒变为紫色，有的龟裂（图31-3）。

图31-1　大豆紫斑病叶片症状

图31-2　大豆紫斑病豆荚症状

正常籽粒　　　　　　　　　　紫斑病粒
图31-3　大豆紫斑病籽粒症状

　　病菌以菌丝体的形式潜伏在种皮内或以菌丝体和分生孢子的形式在得病大豆残体上越冬，成为次年的初侵染源。如果播种带菌的种子，可引起子叶发病，在病苗或病叶上产生的分生孢子可借助风雨等途径进行传播、初侵染和再侵染。大豆花期和结荚期多雨，气温偏高，平均温度25.5～27℃时，发病较重；超过这个温度范围发病轻或不发病；连作地块及种植早熟品种发病相对较重。

　　防治措施：①选用抗病品种。不同品种对紫斑病抗性存在差异，因此，在大豆生产上可以选用抗病能力强的品种来防治紫斑病。②选用无病种子并进行种子处理。播种前对种子进行清选，剔除含有紫斑的种子，同时用0.3%的50%福美双或40%卫福种衣剂进行拌种。③农业防治。大豆收获后及时进行深翻整地，以加速病残体腐烂过程，减少田间初侵染源数量。④药剂防治。在开花始期、盛花期、结荚期、鼓粒期各喷1次30%碱式硫酸铜（绿得保）悬浮剂400倍液或1:1:160倍式波尔多液、50%多·霉威（多菌灵＋万霉灵）可湿性粉剂1 000倍液、50%苯菌灵可湿性粉剂1 500倍液、36%甲基硫菌灵悬浮剂500倍液，每亩喷兑好的药液55千克。

32. 大豆褐斑病

　　危害症状：褐斑病是一种真菌性病害，病菌首先侵染大豆植株下部叶片，然后逐渐向上发展。子叶病斑呈不规则形，暗褐色，上生很细小的黑点。真叶病斑棕褐色，轮纹上散生小黑点，病斑受叶脉限制呈多角形，直径1～5毫米，严重时病斑联合成大斑块，致叶片变黄脱落（图32-1）。茎和叶柄染病时会产生暗褐色短条状边缘不清晰的病斑。豆荚染病呈现不规则棕褐色斑点。分生孢子器埋生于叶组织里，散生或聚生，球形，器壁褐色，膜质，直径64～112微米。分生孢子无色，针形，直或弯曲，具横隔膜13个，大小（26～48）×（1～2）微米。病菌发育温度范围为5～36℃，24～28℃为最适温度。分生孢子萌发最适温度为24～30℃，高于30℃则不萌发。

　　褐斑病以器孢子或菌丝体在病残体或受害种子上越冬，成为次年

图32-1　大豆褐斑病叶部症状
（顾鑫　提供）

初侵染源。种子带菌导致幼苗子叶发病，在病残体上越冬的病菌释放出分生孢子，借风雨传播，先侵染下部叶片，随着病情的发展进行重复侵染向上部蔓延。侵染叶片的温度范围为 16 ~ 32℃，28℃最适，潜育期10 ~ 12天。温暖多雨，夜间多雾，田间露水持续时间越长发病越重。

防治措施：①选用抗病品种。②合理轮作。在大豆褐斑病发病区采取大豆与禾本科作物实行3年或以上轮作，可以有效减少褐斑病的发生。③药剂防治。发病初期喷洒75%百菌清可湿性粉剂600倍液或者50%琥胶肥酸铜可湿性粉剂500倍液、14%络氨铜水剂300倍液、77%可杀得微粒可湿性粉剂500倍液、47%加瑞农可湿性粉剂800倍液、12%绿乳铜乳油600倍液、30%绿得保悬浮剂300倍液，隔10天左右防治1次，防治1 ~ 2次，可以起到很好的防治效果。

33. 大豆疫霉根腐病

危害症状：疫霉根腐病是一种常见的大豆病害，在我国各大豆产区均有发生。一般可造成50%的减产，出苗前病害可引起种子腐烂或死苗，出苗后因根腐或茎腐引起幼苗萎蔫和死亡，该病在大豆各生育期均可发生。较大的植株受害，茎基部变褐腐烂，病部环绕茎并蔓延至第10节位。下部叶片脉间变黄，上部叶片褪绿，以后植株萎蔫，凋萎的叶片仍然悬挂植株上。病株主根一般变为褐色，侧根和支根多呈腐烂状。湿度高或多雨天气、土壤黏重，易发病，重茬地块发病严重（图33-1，图33-2，图33-3）。

防治措施：①选用抗病品种。选用对当地小种具抵抗力的抗病品种。②加强田间管理。及时进行深松、中耕、除草等田间作业。低洼地块及时排除田间积水防止湿气滞留。③种子处理。播种前用35%的甲霜灵粉剂拌种，可以防治大豆疫霉根腐病的发生。④药剂防治。播种同时沟施甲霜灵颗粒剂，增强根部抗病能力，可有效防止病菌侵染根部。发病初期可喷洒或浇灌25%甲霜灵可湿性粉剂800倍液或58%甲霜灵·锰锌可湿性粉剂600倍液、72%杜邦克露或72%霜脲·锰锌可湿性粉剂700倍液、69%安克锰锌可湿性粉剂900倍液。

图33-1 大豆疫霉根腐病根部症状

图33-2 大豆疫霉根腐病植株

图33-3 大豆疫霉根腐病田间危害状

34. 大豆菌核病

危害症状：菌核病是在大豆生育后期易发生的真菌性病害。最初茎秆上生有褐色病斑，以后病斑上长有白色棉絮状菌丝体及白色颗粒，纵剖病株茎秆，可见黑色圆柱形鼠粪一样的菌核。

苗期染病，茎基部褐变，呈水渍状，湿度大时长出棉絮状白色菌丝，后病部干缩呈黄褐色枯死，表皮撕裂状。叶片染病始于植株下部，发病初期叶面生暗绿色水渍状斑，后扩展为圆形至不规则形，病斑中心灰褐色，四周暗褐色，外有黄色晕圈；湿度大时亦生白色菌丝，叶片腐烂脱落（图34-1）。茎秆染病多从主茎中下部分枝处开始，感病部位水渍状，后褪为浅褐色至灰白色，病斑形状不规则，常环绕茎部向上、下扩展，致病部以上枯死或倒折（图34-2）。湿度大时在菌丝处形成黑色菌

图34-1　大豆菌核病叶部症状

核，得病植株茎髓部变空，菌核充塞其中。干燥条件下茎皮纵向撕裂，维管束外露，形似乱麻状，严重的全株枯死，颗粒无收（图34-3）。豆荚染病出现水渍状不规则病斑，荚内、外均可形成较茎内菌核稍小的菌核，多不能结实。

图34-2　大豆菌核病茎部症状（顾鑫 提供）

防治措施：①加强监测。加强长期和短期测报以正确估计发病

程度，并据此确定合理种植结构。②合理轮作。实行与非寄主作物3年以上的轮作，切忌与白瓜、向日葵等寄主作物轮作。③选种优良品种并进行种子处理。在无病田留种，选用无病种子播种，或选用株型紧凑、尖叶或叶片上举、通风透光性能好的耐病品种。种子在播种前要过筛，清除混在种子中的菌核。④农业防治。低洼地块要及时排水，降低田间湿度，降低氮肥用量，秋收后及时清除田间病残体。发病严重的地块收获后，要进行深翻整地，将豆秆和遗留在土壤表层的菌核和病残体深埋至地下。⑤发病初期喷洒40%多·硫悬浮剂600～700倍液、70%甲基硫菌灵可湿性粉剂500～600倍液、50%混杀硫悬浮剂600倍液、80%多菌灵可湿性粉剂600～700倍液、40%治萎灵粉剂1 000倍液、50%复方菌核净1 000倍液。一般于发病初期防治1次，7～10天后再喷1次，注意喷药要均匀。

图34-3　大豆菌核田间危害状

35. 大豆花叶病毒病

危害症状：大豆花叶病是由大豆花叶病毒、大豆矮化病毒、花生条纹病毒、苜蓿花叶病毒、烟草坏死病毒等多种病毒单独或混合侵染所引起。受害植株结荚数减少，百粒重下降，褐斑粒增加。一般减产5%～7%，发病较重的年份减产10%～25%，发病严重的年份或地区可达95%以上。染病籽粒蛋白质和脂肪含量降低，影响种子商品性。我国各大豆产区均有发生，一般南方地区发病重于北方地区。

染病植株先是上部叶片出现淡黄绿相间的斑驳，叶肉沿着叶脉呈泡状凸起，接着斑驳皱缩越来越重，叶片畸形，叶肉突起，叶缘下卷，植株生长明显矮化，结荚数减少，荚细小，豆荚呈扁平、弯曲等畸形症状。常见发病类型有：①轻花叶型：叶片生长基本正常，只现轻微淡黄色斑块。一般抗病品种或后期感病植株都表现为轻花叶型（图35-1）。②皱缩花叶型：叶片呈黄绿相间的花叶，并皱缩呈畸形，沿叶脉呈泡状突起，叶缘向下卷曲或扭曲，植株矮化（图35-2）。③重花叶型：叶片也呈黄绿色相间的花叶，与皱缩花叶型相似，但皱缩严重，叶脉弯曲，叶肉呈紧密泡状突起，暗绿色。整个叶片的叶缘向后卷曲，后期叶脉坏死，植株也矮化（图35-3）。发病大豆成熟后，籽粒明显减小，豆粒有浅褐色病斑（图35-4）。

图35-1 大豆轻花叶型病毒病

图35-2 大豆皱缩花叶型病毒病

图35-3 大豆重花叶型病毒病（顾鑫提供）

图35-4 大豆病毒病籽粒

　　带毒种子在田间形成病苗是初侵染源，长江流域该毒原可在蚕豆、豌豆、紫云英等冬季作物上越冬，翌年成为初侵染源。该病的再侵染是由蚜虫传毒完成。东北地区主要是大豆蚜和豆蚜传毒，发病初期蚜虫一次传播范围在2米以内，5米以外很少，蚜虫进入发生高峰期传毒距离增加。

　　防治措施：①选用抗病品种。不同大豆品种对病毒病抗性不同，在生产上选用抗性强的大豆品种可以有效防治该病害的发生。②防治蚜虫。蚜虫是病毒病的主要传播媒介，因此应及时喷药，消灭蚜虫以减少传播媒介。常用3%啶虫脒乳油1 500倍液，或2%阿维菌素乳油3 000倍液，或10%吡虫啉可湿性粉剂3 000倍液，或2.5%高效氯氟氰菊酯1 000 ～ 2 000倍液等药剂喷雾防治。③适期播种。利用熟期调节，使大豆开花期在蚜虫盛发期前，有效避开蚜虫高峰期，减少早期传毒侵染。④选用无病毒种子。无病毒种子田要求在种子田四周100米范围内无该病毒的寄主作物。种子田在苗期拔除病株，收获前发现病株也应及时拔除。收获的种子要求带毒率不超过1%，病株率高或带毒率高的种子不能作为下年种源应用。⑤加强种子检疫。侵染大豆的病毒有多种是靠种子传播的，因此加强种子检疫尤为重要。引进的种子必须先隔离种植，要留无病毒种子，再作繁殖用。

36. 大豆细菌性斑点病

　　危害症状：细菌性斑点病是一种植物性病害，主要危害大豆幼苗、叶片、叶柄、茎和豆荚。幼苗染病后子叶生半圆形或近圆形褐色病斑。叶片染病起初生成褪绿不规则形小斑点，水渍状，扩大后形成多角形或不规则形病斑，大小3 ～ 4毫米，病斑中间深褐色至黑褐色，病斑周围有一圈窄的褪绿晕环圈，病斑融合后成枯死斑块（图36-1）。茎部染病初呈暗褐色水渍状长条形病斑，扩展后呈不规则状，稍凹陷。荚和豆粒染病生暗褐色条形病斑。

叶正面　　　　　　　　　叶反面

图36-1　大豆细菌性斑点病叶部症状（王继亮 提供）

　　病菌主要在种子上或病残体上越冬，如果播种带菌种子，出苗后就会发病，成为病害扩展中心，病菌借风雨传播蔓延。多雨及暴风雨后，叶面伤口多，利于该病发生，同时连作地块发病严重。

　　防治措施：①合理轮作。大豆等豆科作物与禾本科作物实行3年或3年以上的轮作种植，可以有效减低田间发病率。②选用抗病品种。③施用腐熟农家肥。农家肥施用前充分腐熟，可有效降低田间病菌感染概率。④种子处理。播种前用种子质量0.3%的50%福美双拌种可起到很好的防治效果。⑤药剂防治。发病初期喷洒1：1：160倍波尔多液或用30%绿得保悬浮液400倍液，喷雾防治效果较好，一般防治1～2次。

37. 大豆锈病

　　危害症状：大豆锈病是一种真菌性病害，病原属担子菌亚门。该病害主要危害叶片、叶柄和茎，叶片两面均可发病，一般情况下，叶片背面病斑多于叶片正面，初生黄褐色斑，病斑扩展后叶背面稍隆起，即病菌夏孢子堆，表皮破裂后散出棕褐色粉末，即夏孢子，致叶片早枯（图37-1）。生育后期，在夏孢子堆四周形成黑褐色多角形稍隆起的冬孢子堆。叶柄和茎染病症状与叶片相似（图37-2）。

　　大豆锈病病原菌发病季节，在南部沿海各省从南向北随气流作长距离传播，夏孢子可以随雨而降。降水量大、降水日数多、持续时间越长发病越重。在南方秋大豆播种早时发病重，品种间抗病性有差异，鼓粒期受害重。

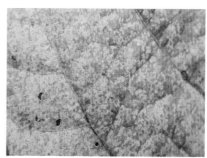

图37-1　大豆锈病叶部症状

图37-2　大豆锈病田间危害状

　　防治措施：①选用抗病品种。在病害高发区选用抗性强的品种可以有效降低发病率。②农业防治。注意开沟排水，采用高台或大垄垄作，防止田间湿气滞留；采用测土配方施肥技术，从根本上提高大豆植株的抗病能力。③药剂防治。发病初期喷洒75%百菌清可湿性粉剂600倍液或36%甲基硫菌灵悬浮剂500倍液、10%抑多威乳油3 000倍液，每亩喷兑好的药液40千克，间隔10天左右喷1次，连续喷施2～3次。

38. 大豆蚜虫危害

危害特点：大豆蚜常聚集于大豆嫩茎、嫩叶背面以刺吸式口器吸食汁液，使豆叶被害处叶绿素消失，形成鲜黄色的不规则形的黄斑，而后黄斑逐渐扩大，并变成为褐色（图38-1，图38-2）。受害严重的植株，茎叶卷缩、发黄、植株矮小，分枝和结荚减少，从而影响大豆产量，危害严重的

图38-1　大豆蚜虫

地块可减产30%，甚至50%以上。此外，大豆蚜还会传播花叶病毒。

感蚜品种

抗蚜品种

图38-2　不同大豆品种蚜虫的危害症状

防治方法：

（1）农业防治　合理轮作；大豆收割后要及时进行秋耕；种植抗虫性好的品种；及时铲除田边、沟边、塘边杂草，减少虫源。

（2）生物防治　①利用赤眼蜂灭卵。于成虫产卵盛期放蜂 1 次，每亩放蜂量2万～3万头，可降低虫食率 43% 左右。若能增加放蜂次数，防治效果更好。②于幼虫脱荚之前，每亩用1.7千克白僵菌粉，每千克菌粉加细土或草灰 9 千克，均匀撒在大豆田垄台上，落地幼虫接触白僵菌孢子，以后遇适合温、湿度条件时便发病致死。

（3）化学防治　当大豆蚜虫点片发生，田间有5% ～ 10%植株卷叶，或有蚜株率超过50%，百株蚜量 1 500头以上时，每亩可用3%的啶虫脒（莫比朗、金世纪、阿达克等）乳油15 ～ 20克；或用10%吡虫啉30克进行防治。在同时发生红蜘蛛的地块，以上药剂还可与1.8%阿维菌素（虫螨克）等药剂混合使用进行防治。

39. 大豆食心虫危害

危害特点：食性较单一，主要危害大豆，也取食野生大豆。幼虫蛀入豆荚，咬食豆粒，被害豆粒形成虫孔、破瓣或豆粒被食光（图39-1）。一般年份虫食率在5% ～ 10%，严重发生时可达30% 以上，严重影响大豆的产量和品质。

防治方法：

（1）农业防治　选种抗虫品种；合理轮作，尽量避免连作；豆田翻耕，尤其是秋季翻耕，增加越冬死亡率，减少越冬虫源基数。

（2）生物防治　在卵高峰期释放赤眼蜂，每亩释放2万～3万头，可降低虫食率 43% 左右；或撒施菌制剂，将白僵菌撒入田间或垄台上，增加对幼虫的寄生率，减少幼虫化蛹率。

（3）药剂防治　于 8 月初至 8 月 20 日成虫盛发期期间，日落前在田间见到成虫成团飞舞为成虫盛发期，此时应进行药剂防治。①在大豆封垄好的情况下，可用敌敌畏熏蒸。即每亩用80%敌敌畏乳油 100 ～ 150 毫升，将高粱或玉米秆切成 20 厘米长段为载体，一端去皮留穰蘸药，吸足药液制成药棒，将药棒未浸药的一端插在豆田内，每 200 根浸蘸500克原药，每亩用40 ～ 50 根药秸，每隔5 ～ 6垄插一行，每隔 6 米插一根。要注意敌敌畏对高粱有药害，距高粱 20 米以内的豆田内不能施用。此种方法防效可达 90%以上。

②在封垄不好时可用菊酯类等药剂喷雾防治。在蛾发生高峰期适时用药，每亩用4.5%高效氯氰菊酯乳油20～30毫升兑水30千克喷雾，或25%快杀灵乳油20～30毫升，或2.5%功夫乳油20毫升，喷药时要注意雨天对药效的影响。

幼虫及被害豆荚

成虫

蛹

图39-1　大豆食心虫及危害状

40. 大豆造桥虫危害

危害特点：大豆造桥虫均以幼虫危害。低龄幼虫仅啃食叶肉，留下透明表皮。虫龄增大，食量也随之增加，幼虫将叶片边缘咬成缺刻和孔洞，甚至全部吃光，仅留少数叶脉，减少绿叶面积，影响光合作用，导致落花落荚，豆粒秕小（图40-1）。

图40-1 造桥虫幼虫及危害状

防治方法：①诱杀成虫。从成虫始发期开始，用黑光灯诱杀。②化学防治。在幼虫3龄以前，百株有幼虫50头时，用5%高效氯氰菊酯乳油2 000倍液均匀喷雾。也可用2.5%敌百虫粉剂喷施。

41. 大豆红蜘蛛危害

危害特点：大豆整个生育期均可发生，以成螨、若螨刺吸危害叶片，多在叶片背面结网，在网中吸食大豆汁液，受害叶片最初出现黄白色斑点，以后叶面出现红色大型块斑，重者全叶卷缩、脱落。受害豆株生长迟缓，矮化，叶片早落，结荚少，结实率低，豆粒变小（图41-1，图41-2，图41-3）。一旦发生，可减产10%～30%，危害严重田块减产50%以上。

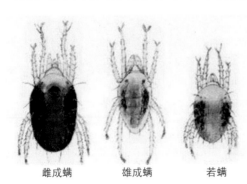

雌成螨　　　雄成螨　　　若螨

图41-1　红蜘蛛形态

图41-2　红蜘蛛危害大豆叶片　　图41-3　红蜘蛛危害大豆植株

防治方法:

(1) 农业防治　①保证苗齐苗壮,施足底肥,并增施磷钾肥,增强大豆自身的抗红蜘蛛危害能力。②加强田间管理,及时清除田间杂草,可有效减轻大豆红蜘蛛的危害。③合理灌水,在干旱情况下,要及时进行灌水。

(2) 生物防治　可通过选用生物制剂和减少施药次数等措施,以保护并利用红蜘蛛的天敌(如:长毛钝绥螨、拟长刺钝绥螨、草蛉等),发挥它们对红蜘蛛自然控制作用。

(3) 化学防治　在发生初期,即大豆植株有叶片出现黄白斑危害状时开始喷药防治。常用的药剂有1.8%阿维菌素、50%溴螨酯乳油、15%哒螨灵乳油、73%克螨特乳油等,连喷 2 ～ 3 次,喷药时要做到均匀,叶片正、背面均应喷到,才能收到良好的防治效果。

42. 大豆双斑萤叶甲危害

危害特点:双斑萤叶甲是一种杂食性昆虫,寄主广泛。此虫有 4 个虫态,其中卵、幼虫和蛹,一般生活在地下,幼虫主要危害部分杂草和豆科植物的根,仅成虫在地上危害,取食大豆、玉米、向日葵等多种植物。以成虫群集在大豆叶上,在豆株上自上而下取食叶片,将叶片吃成孔洞,严重时仅剩叶脉,影响光合作用而造成减产,给大豆生产造成很大威胁(图42-1)。

图42-1　双斑萤叶甲危害大豆叶片

防治方法：①农业防治。清除田间地头杂草，特别是稗草、刺儿菜、苍耳等，减少双斑萤叶甲的越冬寄主植物，减少越冬虫源，降低发生基数；对双斑萤叶甲危害重及防治后的农田要及时补水、补肥，促进大豆的营养生长及生殖生长，提高植株抗逆性；秋整地，深翻灭卵，破坏越冬场所，可减轻受害。②物理防治。该虫有一定的迁飞性，可用捕虫网捕杀，降低虫口基数。③化学防治。根据该害虫的发生规律，在防治策略上坚持以"先治田外，后治田内"的原则防治成虫。6月中下旬就应防治田边、地头等寄主植物上羽化出土成虫及大豆上的成虫，并要统防统治。在田间双斑萤叶甲发生时，每亩用25克/升溴氰菊酯（敌杀死）乳油20～30毫升，或4.5%高效氯氰菊酯乳油20～30毫升，兑水喷雾。应选择气温较低、风小天气喷雾，注意均匀喷洒，喷药时地边杂草都要喷到。由于该虫危害时间长，单次喷药难以控制，一般隔7天喷药1次，视发生情况连续喷药2～3次。

43. 大豆二条叶甲危害

危害特点：二条叶甲越冬成虫在苗期食害大豆子叶、真叶、生长点及嫩茎，将子叶吃成凹坑状，将真叶吃成空洞状，严重时幼苗被毁，造成缺苗断垄。第一代成虫除了取食大豆植株的嫩叶、嫩茎外，尤喜食大豆花的雌蕊，造成落花，使大豆结荚数减少。幼虫主要在根部危害，取食大豆根瘤，将头蛀入根瘤内部取食根瘤内容物，仅剩空壳或腐烂，影响根瘤固氮和植株生长，发生严重地块0～10厘米深土层内的大豆根瘤几乎全部被吃光，仅剩空壳，造成植株矮化，影响产量和品质（图43-1）。

防治方法：①农业防治。实行大面积轮作；秋季翻耙豆茬地，破坏成虫越冬场所，以便消灭越冬成虫量，减轻来年危害；清理田间，秋收后及时清除豆田杂草和枯枝落叶，集中烧毁或深埋。②药剂防治。播前用35%多克福种衣剂进行包衣，一般按药种比为1：75拌种。田间发现成虫危害时，要及时喷药防治，每亩可用48%乐斯本乳油50克，或4.5%高效氯氰菊酯乳油25～30克，或25%功夫乳油25～30克，兑水40千克均匀喷雾。

图43-1　二条叶甲及对大豆叶片的危害状

44. 豆秆黑潜蝇危害

危害特点：以幼虫蛀食大豆叶柄和茎秆，造成茎秆中空，植株因水分和养分输送受阻而逐渐枯死。苗期受害，根茎部肿大，大多造成叶柄表面褐色，全株铁锈色，比健株显著矮化，重者茎中空、叶脱落，甚至死亡（图44-1）。后期受害，造成花、荚、叶过早脱落，千粒重降低而减产。成虫也可吸食植株汁液，形成白色小点。

图44-1　豆秆黑潜蝇幼虫蛀食大豆叶柄和茎秆

防治方法：

（1）农业防治　①清洁田地。及时清除田边杂草和受害枯死植株，集中处理，减少虫源，采取深翻、提早播种等方法。②换茬轮作。在豆秆黑潜蝇发生重的地方，换种玉米等其他作物1年，可有效降低其发生量和危害程度。③选用抗虫品种。要选用中早熟，有限结荚习性、主茎较粗、节间短、分枝少、前期生长迅速和封顶较快的大豆品种。

（2）化学防治　当田间出现死苗，应立即将枯叶株、萎蔫植株、枯死植株带回室内镜检，发现有豆秆黑潜蝇幼虫时，每亩立即用20%高氯·马拉乳油150克或15%高氯·毒死蜱乳油80～100克，进行大面积喷施，隔5～7天喷药1次，连喷3～4次。

45. 大豆斑须蝽危害

危害特点：成虫和若虫刺吸嫩叶、嫩茎及穗部汁液。茎叶被害后，出现黄褐色斑点，严重时可造成心叶部分萎蔫，叶片卷曲，嫩茎凋萎，影响生长，减产减收（图45-1，图45-2，图45-3）。

　　防治方法：①农业防治。清除作物田间杂草，实施秸秆还田，减少害虫的活动滋生场所。加强大田的中耕管理，氮、磷、钾与微量元素配合施用，培育壮苗。②化学防治。在若虫期或成虫刚迁入大田时防治1～2次，采取5点取样调查，当百株虫量10～15头，应喷药防治，可采用内吸性杀虫剂3%啶虫脒乳油(莫比朗)1 500～2 500倍液或2.5%溴氰菊酯3 000～4 000倍液喷雾，同时喷施抗病毒的药剂如小叶敌、菌克毒克等，增强植株抗病毒能力。

图45-1　斑须蝽若虫

图45-2　斑须蝽成虫

图45-3　大豆受斑须蝽危害后出现瘪荚现象

46. 大豆点蜂缘蝽危害

危害特点：点蜂缘蝽的成虫和若虫均可危害大豆，成虫危害较大，危害方式为刺吸大豆的花、果、豆荚、嫩茎嫩叶的汁液。大豆开花结实期，正值点蜂缘蝽羽化为成虫的高峰，往往群集危害，每平方米可达数十只，造成大豆的蕾、花凋落，生育期延长，瘪粒、瘪荚，严重时全株瘪荚，颗粒无收（图46-1，图46-2，图46-3，图46-4）。成虫有翅飞行似蜂类，行动敏捷，不易捕捉，

图46-1　点蜂缘蝽成虫

早晨和傍晚温度低时稍迟钝，阳光强烈时多栖息于豆叶背面，由于点蜂缘蝽具有刺吸汁液和飞行的生活方式，同时可以传播病毒和其他病害，危害的产区往往多种病害同时发生，如花叶病毒病、斑枯病、斑疹病等，导致产量大幅度降低，甚至绝收。

防治方法：①农业防治。根据点蜂缘蝽成虫越冬的生活习性，一般采用轮作倒茬，冬前深耕，清除田间枯枝落叶和杂草，减少地面成虫越冬的场所，翌年虫量将大幅度降低。②化学防治。在种植作物前，对有过杂草或新出杂草的重点边角地块喷药灭虫。大豆花荚期，出现危害时，于傍晚 16～17时，用5 000 倍液的3%阿维菌素乳油，或4 000倍液10%吡虫啉可湿性粉剂，或3 000 倍液5%啶虫脒乳油，或2 000倍液 5%高效氯氰菊酯乳油，每亩用药液40～50千克，进行植株整体喷雾防治。每隔6～7天喷药一次，连喷2～3次，喷药时要做到不重喷、不漏喷。

图46-2　大豆鼓粒初期点蜂缘蝽取食豆荚

图46-3　大豆鼓粒后期点蜂缘蝽若虫取食豆荚

图46-4　点蜂缘蝽危害豆荚症状

47. 大豆大黑鳃金龟危害

危害特点：主要以幼虫（蛴螬）在地下危害，咬断或咬伤幼苗或幼苗的根部，引起植株死亡，造成缺苗断条（图47-1，图47-2，图47-3）。

图47-1　大黑鳃金龟幼虫（蛴螬）危害大豆幼苗

防治方法：

（1）农业防治　①将大豆与玉米进行轮作种植即可减少蛴螬危害。②加强中耕，可机械杀伤或将害虫翻至地面，使其暴晒而死或被鸟类啄食。③有机肥应充分腐熟后施用，防止招引成虫取食产卵。④根据大豆生长需要在幼虫危害期，适时灌溉可减轻危害。

（2）化学防治　①播前拌种。每千克30% 毒死蜱微囊悬乳剂拌入60～80千克大豆种中，不用加水，充分拌匀后放阴凉处摊开晾干待用。②土壤处理。在大豆播种前，每亩用2% 的甲（乙）敌粉1.5～2.0千克，兑细土25千克拌匀，均匀撒布全田，随后机播将药剂翻入土壤；也可在蛴螬低龄幼虫期，用米乐尔等进行土壤处理，结合中耕，开沟穴施；或喷淋灌根，即用30% 毒死蜱每千克兑水300～400千克，充分搅拌均匀，作物出苗后用喷雾器逐棵浇灌到大豆根部。

图47-2　大黑鳃金龟幼虫（蛴螬）危害大豆幼苗根系

图47-3　大黑鳃金龟幼虫（蛴螬）危害大豆成株根系

48. 大豆黑绒金龟危害

危害特点：该虫主要在春季以越冬成虫危害，取食多种农作物、果树、林木、豆类、中药材等植物的嫩芽、幼叶，时常将嫩芽、幼叶吃光（图48-1）。

图48-1　黑绒金龟对大豆幼苗取食危害

防治方法：①农业防治。精耕细作，清除田边杂草，合理间种套作，水旱轮作，要施用充分腐熟的粪肥，适时灌水，结合秋施基肥进行土壤深翻，破坏黑绒金龟子越冬成虫的生存条件，可显著减少金龟子存活率，降低虫口密度。②化学防治。在黑绒金龟子发生盛期，每亩可用3%啶虫脒乳油50克、48%毒死蜱乳油60克，或用2.5%溴氰菊酯、5% S-氰戊菊酯、2.5% 氯氟氰菊酯等药剂15～20克喷雾，也可喷施4.5%高效氯氰菊酯2 000倍液，或1.8%阿维菌素2 000倍液。

49. 大豆沙潜危害

危害特点：该虫寄生于蔬菜、豆类、小麦、花生等作物，以成虫和幼虫危害作物种子、幼苗、嫩茎、嫩根，影响出苗，幼虫还能钻入根茎、块根和块茎内食害，造成幼苗枯萎以致死亡（图49-1，图49-2）。

防治方法：①农业措施。秋冬季深翻土壤，机械损伤和冻害会降低越冬虫量，减少第二年的虫口基数，减轻危害。②播种前土壤处理。每亩可选用40%毒死蜱乳油250～300克，加细沙土25～30千克，均匀撒施，随即浅锄；或用20%氰戊菊酯乳油1 500倍液或

90%晶体敌百虫1 000 倍液喷洒地面，每亩用药液量 60 ~ 75 千克，深耙 20 厘米。③苗期药剂防治。可选用5%毒死蜱颗粒剂，每亩用药2千克，兑细土20 ~ 25千克，拌匀后沟施；或40%菊·马乳油2 000 ~ 3 000倍液、4.5%高效氯氰菊酯乳油1 500倍液进行喷洒或灌根处理。

图49-1　沙潜的幼虫　　　　　　　图49-2　沙潜的成虫

50. 大豆蒙古土象危害

危害特点：以成虫取食刚出土幼苗的子叶、嫩芽、心叶，常群集危害，严重的可把叶片吃光，咬断茎顶造成缺苗断垄或把叶片食成半圆形或圆形缺刻（图50-1）。

雄虫　　　　　　　　　雌虫

图50-1　蒙古土象成虫

防治方法：①诱杀防治。在大发生田块四周可挖宽、深各40厘米左右的沟，内放新鲜或腐败的杂草诱集成虫集中灭杀。②药剂防治。在成虫出土危害期用2.5%溴氰菊酯乳油2 000倍液喷雾。

51. 大豆豆芫菁危害

危害特点：成虫群聚，大量取食叶片及花瓣，影响结实（图51-1）。

图51-1　豆芫菁危害大豆

防治方法：①农业防治。害虫发生严重地区或田块，收获后及时深耕翻土，可消灭大部分土中虫蛹。②药剂防治。可于成虫发生期喷施90%敌百虫结晶1 000倍液或2.5%功夫乳油3 000倍液，1～2次或更多，交替喷施，喷匀喷足。

52. 大豆豆根蛇潜蝇危害

危害特点：幼虫在幼苗根部皮层钻蛀危害，被害根变粗、变褐或纵裂，或畸形增生或生肿瘤。大豆幼苗受害后长势弱，植株矮小，叶色黄，受害严重者逐渐枯死。受害轻者，在幼虫化蛹后，根部伤口愈合，植株恢复生长，但根瘤较少而小，顶叶发黄、荚少，产量也降低（图52-1，图52-2）。

图52-1 豆根蛇潜蝇幼虫危害大豆根系症状

图52-2 豆根蛇潜蝇成虫

防治方法：

（1）农业防治 ①适时早播、施足基肥，适当增施磷钾肥，培育壮苗，增加豆株的抗虫能力，尽可能避开成虫产卵和孵化盛期，减轻危害。②豆田秋季深翻或耙茬。耕翻能把蝇蛹埋入土层较深处影响羽化率；秋耙当年豆茬地能把在地表下越冬蛹带到地表，经冬季长期低温和干燥的影响，死亡率增加。③增施肥料促进幼苗早发，亦能减轻危害，即使受害恢复也快。

（2）化学防治 50%辛硫磷乳油按种子质量的0.2%拌种。或用2.5%溴氰菊酯乳油2 000倍液或40%乐斯本乳油1 200倍液喷施防治成虫。或在成虫盛发期每亩用80%敌敌畏乳油125克,混拌细沙20千克或浸玉米穗轴15千克,均匀撒在地内,药剂熏杀成虫。

53. 大豆小地老虎危害

危害特点：主要取食作物的种子、根、茎、块根、块茎、幼苗、嫩叶及生长点等,常常造成缺苗断垄或成片死亡,严重的导致毁种。白天藏匿于2～6厘米深的表土中,夜间出来危害,常咬断作物近地面的嫩茎,并将咬断的嫩茎拖回洞穴,半露地表,极易发现(图53-1)。当植株长大根茎变硬时,幼虫爬上植株,咬断柔嫩部分,拖到洞穴取食。

幼虫　　　　　　　　　　　　　成虫

图53-1　小地老虎

防治方法：①农业防治。春播作物未出土前,小地老虎成虫大部分在土表产卵,幼虫孵化后,先在幼嫩的杂草上危害,春播精细整地、清除杂草,可以消灭大部分初孵化的幼虫。②化学防治。撒施毒土：每亩可选用2.5%溴氰菊酯乳油90～100克拌入20～25千克细土中,顺垄撒施于幼苗根标附近。地面施药：每亩可选2.5%溴氰菊酯乳油或40%氯氰菊酯乳油20～30克、90%晶体敌百虫50克,兑水50千克喷雾,喷药适期应在幼虫3龄盛发前。

54. 大豆豆毒蛾危害

危害特点：以幼虫食害大豆叶片，将叶片咬成缺刻和孔洞，当虫口密度大时可将叶片全部吃光，造成植株衰弱，产量下降（图54-1，图54-2）。

图54-1　豆毒蛾幼虫

图54-2　豆毒蛾大豆田危害状

防治方法：①灯光诱杀。利用黑光灯诱杀成虫。②生物防治。喷施微生物制剂，可用每克或每毫升含孢子100亿以上的青虫菌制剂 500 ～ 1 000 倍液，或白僵菌制剂每亩用量 100 ～ 150 克（每克 50 亿个孢子以上）兑水 25 ～ 50 千克，在幼虫期喷雾。③化学防治。利用低龄幼虫集中危害的特点，在 1 ～ 3 龄期，可选用 10% 吡虫啉可湿性粉剂 2 500 倍液、50% 杀螟松乳油 1 000 倍液或 90% 晶体敌百虫 1 000 倍液等喷雾防治。

55. 大豆苜蓿夜蛾危害

危害特点：1、2龄幼虫多在叶面取食叶肉，2龄以后常从叶片边缘向内蚕食，形成不规则的缺刻。幼虫也常喜钻蛀寄主植物的花蕾、果实和种子（图55-1）。

防治方法：①秋翻地，消灭一部分越冬虫蛹。②用黑光灯或糖醋液诱杀成虫。③用90%晶体敌百虫 1 000 倍液或2.5%溴氰菊酯 2 500 倍液等杀虫剂喷雾防治。

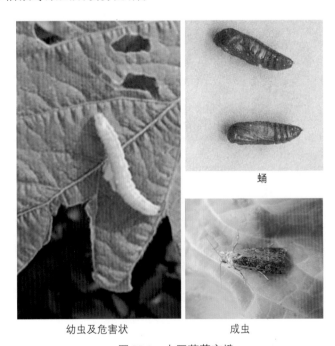

蛹

幼虫及危害状　　　成虫

图55-1　大豆苜蓿夜蛾

56. 大豆豆卷叶野螟危害

危害特点：豆卷叶野螟是大豆主要害虫之一，主要以幼虫危害叶片。低龄幼虫不卷叶，3龄后把叶横卷成筒状，藏在卷叶里取食，有时数叶卷在一起，大豆开花结荚期受害重，常引致落花、落荚（图56-1，图56-2）。

图56-1　豆卷叶野螟幼虫

图56-2　豆卷叶野螟大豆田危害状

防治方法：①农业防治。合理密植，减少田间郁闭；适时灌溉，雨后及时排水，降低田间湿度；科学施肥，增施磷钾肥，避免偏施氮肥；作物采收后，及时清除田间枯株落叶，带出田外集中烧毁或深埋。②物理防治。利用黑光灯对成虫诱杀；用苏云金杆菌乳剂(100亿孢子/毫升)稀释成500～600倍液喷雾。③化学防治。用2.5%三氟氯氰菊酯乳油3 000～4 000倍液或2.5%高效氟氯氰菊酯乳油(保得)2 000～4 000倍液喷雾或用1.8%阿维菌素乳油3 000倍液喷雾。药剂防治应掌握在成虫产卵盛期或幼虫孵化盛期(豆株有1%～2%的植株有卷叶危害状时)喷药，卷叶后喷药效果较差。每隔7～10天防治1次，连续防治2次。

57. 大豆斑缘豆粉蝶危害

危害特点：幼虫蚕食叶片，危害大豆及豆科其他作物（图57-1，图57-2）。

防治方法：①卵孵化盛期至幼虫3龄前是防治鳞翅目类害虫的最佳时期，该期每亩可用3.2%甲维盐·氯氰微乳剂（中等毒）40～60克进行全田均匀喷雾，虫情严重时或抗性大的地方可适当增加药量。②在卵高峰后7天左右，幼虫处于2～3龄时，每

图57-1　斑缘豆粉蝶幼虫及危害状

亩喷施0.5%苦参碱水剂（低毒）60～90克，视虫害发生情况，每7天左右施药1次，可连续用药2次。③在害虫卵孵化盛期至2龄幼虫期，每亩使用2%甲氨基阿维菌素苯甲酸盐微乳剂（低毒）5～7克喷雾。

图57-2　斑缘豆粉蝶大豆田危害状

58. 大豆田菟丝子危害

危害特点：菟丝子是一种寄生植物，不含叶绿素，本身不能进行光合作用，寄生在其他植物上，并且从接触宿主的部位伸出尖刺，戳入宿主体内直达韧皮部，吸取养分以维持自身的生存（图58-1）。

菟丝子茎呈丝线状，橙黄色，不含叶绿素，叶片退化成鳞片；花簇生，外有膜质苞片；花萼杯状，呈5裂；花冠白色，长为花萼2倍，顶端5裂，裂片常向外反曲；雄蕊5枚，花丝短，与花冠裂片互生；鳞片5片，近长圆形。子房2室，每室有胚珠2颗，花柱2个，柱头头状。蒴果近球形，成熟时被花冠全部包围；种子呈淡褐色。

种子萌发时幼芽无色，呈丝状，附着在土粒上，另一端形成丝状的菟丝，在空中旋转，碰到寄主就缠绕其上，在接触处形成吸根，进入寄主组织后，部分细胞组织分化为导管和筛管，与寄主的导管和筛管相连，吸取寄主的养分和水分。此时初生菟丝死亡，上部茎继续伸长，再次形成吸根，茎不断分枝伸长形成吸根，再向四周不断扩大蔓延，严重时将整株寄主布满菟丝子，使受害植株生长不良，也有寄主因营养不良加上菟丝子缠绕引起全株死亡。菟丝子的种子

苗期

生育中期

生育后期

图58-1　大豆不同时期菟丝子田间危害状

有休眠作用，所以一旦田地被菟丝子侵入后，会造成连续数年均遭菟丝子危害问题。

防治措施：①农业防治。受害严重的地块，每年深翻，凡种子埋于3厘米以下便不易出土。春末夏初及时检查，发现菟丝子连同杂草及寄主受害部位一起消除并销毁。②药剂防治。种子萌发高峰期地面喷1.5%五氯酚钠和2%扑草净液，以后每隔25天喷1次药，共喷3～4次，以杀死菟丝子幼苗。

59. 大豆田鸭跖草危害

危害特点：鸭跖草（俗称蓝花草）属一年生草本植物。鸭跖草仅上部直立或斜伸，茎圆柱形，长约30～50厘米，茎下部匍匐生根。叶互生，无叶柄，披针形至卵状披针形，第一片叶长1.5～2.0厘米，有弧形脉，叶较肥厚，表面有光泽，叶基部下延成鞘，具紫红色条纹，鞘口有缘毛。小花每3～4朵一簇，由一绿色心形折叠苞片包被，着生在小枝顶端或叶腋处。花被6片，外轮3片，较小，膜质，内轮3片，中前方一片白色，后方两片蓝色，鲜艳。果椭圆形，2室，有种子4粒。种子土褐色至深褐色，表面凹凸不平。依靠种子繁殖。鸭跖草发芽适温15～20℃，土层内出苗深度0～3厘米，埋在土壤深层的种子5年后仍能发芽（图59-1）。

防治措施：①人工或机械防治。以土壤含水量和鸭跖草叶龄为除草时机选择的主要参考因素。当土壤表土层水分含量低于13%，而且5～6天内无降雨时进行及时防除，可以彻底灭草。鸭跖草2叶期以前无再生能力，此期进行各种有效的除草作业都能将其彻底消灭。②药剂防治。苗前土壤处理施用禾耐斯+广灭灵+赛克、乙草胺+广灭灵+赛克、禾耐斯+DE565等配方效果较好；苗后早期（鸭跖草3～4叶期）喷施高剂量DE565+拿捕净（烯禾啶）、DE565+普施特（咪草烟）效果较好。

苗期　　　　　　　　　　　　　　分枝期

生育后期

图59-1　大豆不同时期鸭跖草田间危害状（袁伟东 提供）

60. 大豆田刺儿菜危害

危害症状：刺儿菜是东北地区常见的一种田间杂草，学名小蓟。多年生草本植物，地下部分常大于地上部分，根茎较长。茎直立，幼茎被白色蛛丝状毛，有棱，高30～80厘米，基部直径3～5毫米。有时可达1厘米，上部有分枝，花序分枝无毛或有薄绒毛。叶互生，基生叶花时凋落，下部和中部叶椭圆形或椭圆状披针形，长7～10厘米，宽1.5～2.2厘米，表面绿色，背面淡绿色，两面有疏密不等的白色蛛丝状毛，顶端尖或钝，基部窄狭或钝圆，近全缘或有疏锯齿，叶缘有细密的针刺，针刺紧贴叶缘，无叶柄（图60-1）。

图60-1　大豆田刺儿菜危害状（袁伟东　提供）

防治措施：①人工或机械除草。在杂草3～4叶期，人工拔除，尽量将杂草连根拔除，避免地下根茎再生出新的茎叶；或者在大豆3～4叶期利用旋转锄作业除草。②药剂除草。大豆播种后出苗前，若刺菜已经长出，每亩采用草甘膦200克，兑水15千克喷雾；出苗后早期喷施高剂量DE565+拿捕净、DE565+普施特效果较好。

61. 大豆田问荆危害

危害症状：问荆，别名接续草、公母草、空心草、马蜂草、节节草、接骨草，为多年生草本植物。根系在地下横生，呈黑褐色。地上茎直立，由根状茎上生出，茎细长，节和节间明显、节间中空，表面有明显的纵棱。有能育茎（生殖枝）和不育茎之分。能育茎无色或带褐色，春季由根状茎上生出，单生无分枝，顶端生有一个像毛笔头似的孢子叶穗。不育茎（营养枝）绿色多分枝，每年春末夏初当生殖枝枯萎时，从地上茎上长出。叶退化为细小的鳞片状（图61-1）。

图61-1　大豆田问荆危害状（袁伟东 提供）

防治措施：①控制杂草种子入田。人工防除首先是尽量勿使杂草种子或繁殖器官进入作物田，清除地边、路旁的杂草，严格杂草检疫制度，精选播种材料，以减少田间杂草来源。②施用腐熟的农家肥。用杂草沤制农家肥时，应将农家含有杂草种子的肥料经过用薄膜覆盖，高温堆沤2～4周，腐熟成有机肥料，杀死其发芽力后再用。③人工或机械除草。结合农事活动，如在杂草萌发后或生长时期直接进行人工拔除或铲除，或结合中耕施肥等农耕措施剔除杂草。④化学防治。在大豆播后苗前，每亩用48%广灭灵50～70克进行土壤处理，也可视草情与其他除草剂混合使用，以达到全面除草效果；茎叶处理，可于大豆2～3片复叶期，每亩施25%氟磺胺草醚70～100克+10.8%高效盖草能30～35克。施药后问荆黑褐色，轮枝枯死或生长受抑制，若能及时中耕将问荆埋压；或机械深松时，在深松杆齿底部加横钢丝切断问荆根系效果更好。

62. 大豆田芦苇危害

危害症状：芦苇，又名芦头、芦柴、苇子，多年生草本杂草，是大豆田难防除的杂草之一。芦苇的植株高大繁茂，地下有发达的匍匐根状茎。茎秆直立，秆高1～3米，节下常生有白粉。叶鞘圆筒形，无毛或有细毛。叶舌有毛，叶片长线形或长披针形，排列成两排。叶片长15～45厘米，宽1～3.5厘米。圆锥花序分枝稠密，向斜伸展，花序长10～40厘米，小穗有小花4～7朵；颖有3脉，一颖短小，二颖略长；小花多为雄性；第二外颖先端长渐尖，基盘的长丝状柔毛长6～12毫米；内稃长约4毫米，脊上粗糙。具长、粗壮的匍匐根状茎，以根茎繁殖为主（图62-1）。

图62-1　大豆田芦苇危害状

防治措施：在芦苇3～5叶前，每亩用精吡氟禾草灵药剂50毫升，再加入芦茅根专用除助剂15毫升，兑水30～35千克稀释均匀后喷雾。最佳用药时间在芦苇刚长出地面呈竹笋状时，防除效果可达到95%以上。第一次喷药后可间隔7～10天再喷第二次，一般要连续喷雾两次效果最佳。如果田间芦苇较大时，可以使用10%的草甘膦水剂涂抹。

图书在版编目（CIP）数据

图说大豆生长异常及诊治/谢甫绨等著. —北京：
中国农业出版社，2019.3(2022.3重印)
（专家田间会诊丛书）
ISBN 978-7-109-25055-0

Ⅰ.①图… Ⅱ.①谢… Ⅲ.①大豆－发育异常－防治
－图解 Ⅳ.①S435.651－64

中国版本图书馆CIP数据核字(2018)第285071号

中国农业出版社出版
（北京市朝阳区麦子店街18号楼）
（邮政编码 100125）
责任编辑 郭银巧
文字编辑 李 莉

———————————

中农印务有限公司印刷 新华书店北京发行所发行
2019年3月第1版 2022年3月北京第2次印刷

———————————

开本：880毫米×1230毫米 1/32 印张：3
字数：80千字
定价：27.80元
（凡本版图书出现印刷、装订错误，请向出版社发行部调换）